水产养殖新技术推广指导用书
中国水产学会
全国水产技术推广总站 组织编写

日本对虾高效生态养殖新技术

RIBEN DUIXIA GAOXIAO SHENGTAI YANGZHI XIN JISHU

翁雄　宋盛宪　何建国
李色东　李义军　王　平　编著

海洋出版社

2012年·北京

图书在版编目（CIP）数据

日本对虾高效生态养殖新技术/翁雄等编著.——北京：海洋出版社，2012.1

（水产养殖新技术推广指导用书）

ISBN 978–7–5027–7992–4

Ⅰ.①日… Ⅱ.①翁… Ⅲ.①日本对虾－对虾养殖 Ⅳ.①S968.22

中国版本图书馆 CIP 数据核字（2011）第 056741 号

责任编辑：郑　珂　常青青
责任印制：刘志恒

海洋出版社　出版发行

http://www.oceanpress.com.cn
北京市海淀区大慧寺路 8 号　邮编：100081
北京华正印刷有限公司印刷　新华书店经销
2012 年 1 月第 1 版　2012 年 1 月第 1 次印刷
开本：880mm×1230mm　1/32　印张：5.75
字数：160 千字　定价：18.00 元
发行部：62132549　邮购部：68038093　总编室：62114335
海洋版图书印、装错误可随时退换

彩图

1. 日本对虾
2. 原生态养殖模式
3. 半精养模式
4. 混养模式
5. 地膜防病养殖模式

彩图

6. 过滤海水防病养虾系统
7. 海水过滤装置
8. 净化海水防病养殖系统
9. 分段高位池养殖
10. 对虾传染性皮下及造血组织坏死病
11. 对虾白斑综合征（病毒性）

彩图

12. 烂鳃病
13. 黑鳃病
14. 红腿病
15. 烂眼病及断须病

彩图

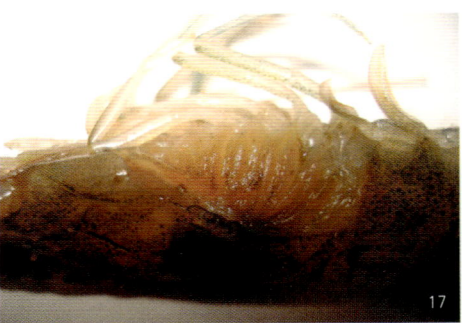

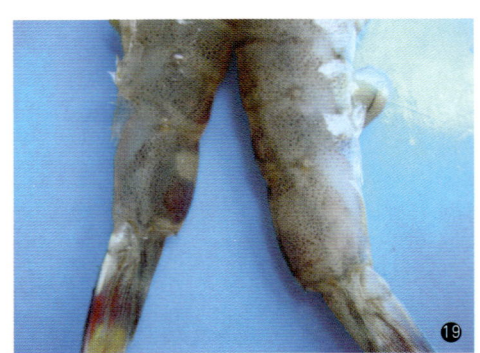
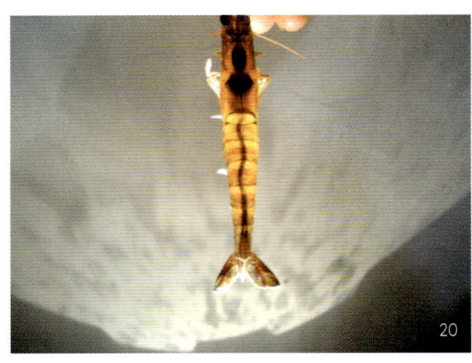

16. 对虾细菌性白斑病
17. 黄鳃病
18. 聚缩虫病
19. 肌肉白浊病
20. 厚壳病（示肠道弯曲）
21. 异常蜕壳病

《水产养殖新技术推广指导用书》
编委会

名誉主任　林浩然
主　任　雷霁霖
副主任　司徒建通　石青峰　魏宝振　翟晓斌　丁晓明
主　编　司徒建通
副主编　魏宝振　王清印　丁晓明　江世贵　吴灶和
　　　　　桂建芳　刘雅丹
编　委（按姓氏笔划排列）

于培松	马达文	毛洪顺	王印庚	王吉桥	王奇欣
付佩胜	叶维钧	归从时	龙光华	刘亚东	刘洪军
曲宇凤	何中央	何建国	吴　青	吴淑勤	宋盛宪
张有清	张学成	张建东	张　勤	李应森	李卓佳
李　健	李　霞	杨先乐	杨国梁	汪开毓	肖光明
苏永全	轩子群	邹桂伟	陈文银	陈昌福	陈爱平
陈基新	周锦芬	罗相忠	范金城	郑曙明	金满洋
姚国成	战文斌	胡超群	赵　刚	徐　跑	晁祥飞
殷永正	袁玉宝	高显刚	常亚青	绳秀珍	游　宇
董双林	漆乾余	戴银根	魏平英		

丛 书 序

我国的水产养殖自改革开放至今，高速发展成为世界第一养殖大国和大农业经济中的重要增长点，产业成效享誉世界。进入 21 世纪以来，我国的水产养殖继续保持着强劲的发展态势，为繁荣农村经济、扩大就业岗位、提高生活质量和国民健康水平做出了突出贡献，也为海、淡水渔业种质资源的可持续利用和保障"粮食安全"发挥了重要作用。

近 30 年来，随着我国水产养殖理论与技术的飞速发展，为养殖产业的进步提供了有力的支撑，尤其表现在应用技术处于国际先进水平，部分池塘、内湾和浅海养殖已达国际领先地位。但是，对照水产养殖业迅速发展的另一面，由于养殖面积无序扩大，养殖密度任意增高，带来了种质退化、病害流行、水域污染和养殖效益下降、产品质量安全等一系列令人堪忧的新问题，加之近年来不断从国际水产品贸易市场上传来技术壁垒的冲击，而使我国水产养殖业的持续发展面临空前挑战。

新世纪是将我国传统渔业推向一个全新发展的时期。当前，无论从保障食品与生态安全、节能减排、转变经济增长方式考虑，还是从构建现代渔业、建设社会主义新农村的长远目标出发，都对渔业科技进步和产业的可持续发展提出了更新、更高的要求。

渔业科技图书的出版，承载着新世纪的使命和时代责任，客观上要求科技读物成为面向全社会，普及新知识、努力提高渔民文化素养、推动产业高速持续发展的一支有生力量，也将成为渔业科技成果入户和展现渔业科技为社会不断输送新理念、新技术的重要工具，对基层水产技术推广体系建设、科技型渔民培训和产业的转型提升都将产生重要影响。

中国水产学会和海洋出版社长期致力于渔业科技成果的普及推广。目前在农业部渔业局和全国水产技术推广总站的大力支持下，近期出版了一批《水产养殖系列丛书》，受到广大养殖业者和社会各界的普遍欢迎，连续收到许多渔民朋友热情洋溢的来信和建议，为今后渔业科普读物的扩大出版发行积累了丰富经验。为了落实国家"科技兴渔"的战略方针、促进及时转化科技成果、普及养殖致富实用技术，全国水产技术推广总站、中国水产学会与海洋出版社紧密合作，共同邀请全国水产领域的院士、知名水产专家和生产一线具有丰富实践经验的技术人员，首先对行业发展方向和读者需求进行广泛调研，然后在相关科研院所和各省（市）水产技术推广部门的密切配合下，组织各专题的产学研精英共同策划、合作撰写、精心出版了这套《水产养殖新技术推广指导用书》。

本丛书具有以下特点：

（1）注重新技术，突出实用性。本丛书均由产学研有关专家组成的"三结合"编写小组集体撰写完成，在保证成书的科学性、专业性和趣味性的基础上，重点推介一线养殖业者最为关心的陆基工厂化养殖和海基生态养殖新技术。

（2）革新成书形式和内容，图说和实例设计新颖。本丛书精心设计了图说的形式，并辅以大量生产操作实例，方便渔民朋友阅读和理解，加快对新技术、新成果的消化与吸收。

（3）既重视时效性，又具有前瞻性。本丛书立足解决当前实际问题的同时，还着力推介资源节约、环境友好、质量安全、优质高效型渔业的理念和创建方法，以促进产业增长方式的根本转变，确保我国优质高效水产养殖业的可持续发展。

书中精选的养殖品种，绝大多数属于我国当前的主养品种，也有部分深受养殖业者和市场青睐的特色品种。推介的养殖技术与模式均为国家渔业部门主推的新技术和新模式。全书内容新颖、重点突出，较为全面地展示了养殖品种的特点、市场开发潜力、生物学与生态学知识、主体养殖模式，以及集约化与生态养殖理念指导下的苗种繁育技术、商品鱼养成技术、水质调控技术、营养和投饲技术、病害防控技术等，还介绍了养殖品种的捕捞、运输、上市以及在健康养殖、无公害养殖、理性消费思路指导下的有关科技知识。

本丛书的出版，可供水产技术推广、渔民技能培训、职业技能鉴定、渔业科技入户使用，也可以作为大、中专院校师生养殖实习的参考用书。

衷心祝贺丛书的隆重出版，盼望它能够成长为广大渔民掌握科技知识、增收致富的好帮手，成为广大热爱水产养殖人士的良师益友。

中国工程院院士

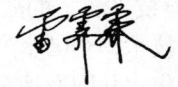

2010 年 11 月 16 日

前　言

　　日本对虾是我国对虾养殖的主要品种之一，因其色泽绚丽、煮熟后具有鲜红的色彩而格外诱人，其以营养丰富，肉质鲜美而著称，成为日本人民餐桌上必备的食品，婚宴喜庆之日更是不可缺少，是海鲜酒楼高档的名贵食品。

　　日本对虾具有潜沙特性，白天很少活动，仅露出一对眼睛，喜在夜间活动索饵，生命力较强，耐氧，离水时间较长而不死亡，可耐低温，有利于鲜活运输出售，是水产品中的热门货。日本人尤其喜好鲜食日本对虾，因此，活虾在日本的售价较高。该品种已成为越来越多的国家和地区的重要养殖对象。

　　日本是养殖日本对虾最早的国家。早在1933年就进行了育苗研究，由于养殖技术的提高，可获得较多的利润，从而促使日本对虾养殖迅速发展。

　　我国台湾省于1976年开始养殖日本对虾，由于1986年后台湾省养殖斑节对虾遭遇病害袭击导致大量死亡，大批养殖场便转入养殖日本对虾，并出口日本。我国大陆沿海养殖日本对虾起步较晚，1988年在浙江、福建、广东、广西和海南各省陆续开始养殖，后来在北方的山东、河北等地沿海养殖日本对虾，每年可以养殖一造，在华南沿海大多作为秋冬海水养殖的品种，养殖的虾塘大部分都是在当年已养过1~2造其他虾类的虾塘，养殖后再清塘或匆匆忙忙就放养日本对虾，因清塘不彻底，导致放养一个月后就出现病害，成功率很低。由于日本对虾养殖对底质要求高，要有良好的生态环境，所以底质优劣直接影响其生长和成败。因此，养殖日本对虾应根据当地实际情况，结合日本对虾的习性，进行池底铺沙，创造良好的生态习性条件。日本对虾最适盐度为20~30，沿海海水盐度在5以上的地区均可养殖。但日本对虾的养殖规模受种苗和养殖模式等因素的影响，一直无法实现产业化，自从南美白对虾引种并形成产业化后，取代了我国原先的主要养殖品种斑节对虾、中国对虾和日本对虾。南美白对虾的产业虽然上去了,但面临着种苗质量差、种质退化等问题,所以在我国沿海的对虾养殖中不应放弃日本对虾和斑节对虾的养殖,要进行多品种养殖,应有计划地研发日本对虾和斑节对虾养殖技术,充分发挥不同品种的养殖优势。

近年来,日本对虾养殖技术得到不断的完善和提高,主要表现在养殖设施的改进、水处理方法的改良以及有益细菌水质调控技术的应用等。养殖技术在生产实践中不断创新,日新月异。例如,海南省南疆生物技术有限公司打破了过去只能养殖1造日本对虾的观念,通过技术创新,实现了全年均可养殖日本对虾。他们改良的"双层底"养殖模式,在养殖日本对虾时进行分批投苗与间捕,每亩①产量达750千克,对虾规格达到每尾18~30克,取得显著的经济效益。在此,我们总结了海南和广东汕尾养殖日本对虾的先进经验,目的在于帮助养殖户掌握日本对虾养殖的新技术,帮助养殖户增产增收。同时,向养殖户推广了无公害养殖技术,普及了养殖规范用药等知识,希望能提高广大养殖户健康养殖水平,增强水产品质量安全意识,创造更大的财富。

本书由我国对虾产业技术研发中心首席科学家何建国教授牵头,深入生产第一线到海南、广西等地进行日本对虾养殖技术交流和总结,之后组织人员编写,期望能引导养殖业者明确建立健康养殖技术规范。本书以无公害健康养殖为立足点,使科学性与实用性相结合,力求做到通俗易懂,深入浅出。本书既能用于深海转产转业的学员和养殖专业户的培训学习,也可作为水产院校有关师生和水产工作人员的技术培训教材。

编著者
2010年12月

---

① 亩为我国非法定计量单位,1亩≈666.7平方米,1公顷=15亩,以下同。

目 录

第一章 日本对虾的形态特征与生态习性 …………（1）
    第一节 形态特征 …………………………………（1）
    第二节 生态习性 …………………………………（2）

第二章 日本对虾养成的技术与措施 ………………（6）
    第一节 日本对虾养成的生产程序 ………………（6）
    第二节 日本对虾养成的模式………………………（7）
    第三节 虾池的选择与建造 ………………………（12）
    第四节 养殖设施的配套 …………………………（15）

第三章 日本对虾健康养殖技术 ……………………（16）
    第一节 日本对虾养成技术 ………………………（17）
    第二节 日本对虾养成的关键措施 ………………（42）
    第三节 日本养殖日本对虾概况 …………………（43）
    第四节 我国内地养殖日本对虾概况 ……………（51）

第四章 日本对虾健康养殖的水质调控及营养与免疫调控
    ……………………………………………………（77）
    第一节 日本对虾健康养殖的水质调控 …………（77）
    第二节 日本对虾健康养殖的营养与免疫调控 …（88）

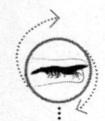

第五章 日本对虾常见病害及防治 (99)
第一节 对虾发病的原因 (99)
第二节 对虾病害的预防 (100)
第三节 对虾常见的病害及治疗 (101)

第六章 健康养殖与药物管理 (112)
第一节 清塘消毒的药物 (112)
第二节 水质改良的药物 (116)
第三节 抗菌的中草药 (122)
第四节 抗病毒类药物与营养调节药物 (124)
第五节 药物的科学使用 (132)

附 录 (143)
附录1 虾苗、饲料、药物相关厂商 (143)
附录2 养殖用水水质标准 (155)
附录3 渔用药物使用和禁用渔药 (158)

参考文献 (165)

第一章 日本对虾的形态特征与生态习性

内容提要：形态特征；生态习性。

第一节 形态特征

日本对虾（*Penaeus japonicus* Bate），新的分类方法也有称日本囊对虾（*Marsupenaeus japonicus* Bate）。俗称花虾、竹节虾、竹虾、青尾虾，我国台湾省称斑节虾，日本称车虾（くるまえび），英文名称为 Kuruma prawn。

一、外部形态

日本对虾是一种大型甲壳动物，成熟雌虾一般体长为130~160毫米；雄虾最大个体比雌虾小，一般体长为110~140毫米。体表有鲜艳的横斑纹。头胸甲和腹部体节上有棕色和蓝色相间横斑。尾节的末端有较狭窄的蓝、黄色横斑和红色的边缘毛。身体长而侧扁，分头胸部与腹部，由20节组成，即头部5节，胸部8节，腹部7节。头部与胸部愈合成头胸部，分节不明显。其末节称为尾节，与尾肢组成尾扇。除尾节外，各节皆有附肢1对。日本对虾的外部形态见图1-1和彩图1。

二、日本对虾的分类特征

齿式8~10/1~2，额角侧沟略窄于额角后脊，雄性交接器中叶的顶端有非常粗大的突起伸出于侧叶末端；雌性交接器前部末端变圆。下缘 1~2 齿，头胸甲具有眼胃脊，且具触角刺、胃上刺和肝刺。中央沟及额角侧沟达到头胸甲的后缘。

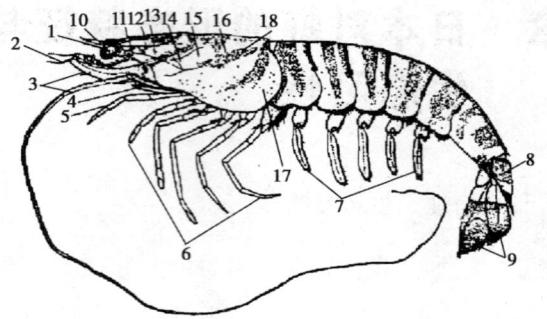

1. 复眼；2. 第一触角；3. 第二触角；4. 第二颚足；5. 第二颚足；6. 胸足；7. 游泳足；8. 尾节；9. 尾肢；10. 额角；11. 触角刺；12. 眼上刺；13. 眼区；14. 肝刺；15. 肝区；16. 胃区；17. 鳃区；18. 心区

图 1-1　日本对虾外部形态

第二节　生态习性

日本对虾是一种生活周期短、生长迅速的甲壳类动物。栖息于海水中，寿命一般为 1 年，少数达 2 年。一生要经过几个不同的阶段，在不同的生长发育阶段，对外界环境条件要求也不同，并表现出不同的生活习性。

一、分布

日本对虾栖息的水深范围较广，从几米到 100 米深的水域均有分布，但主要栖息于水深 10~40 米的海区。日本对虾的地理分布较广，为印度—西太平洋热带区广布种。非洲东海岸、红海、印度、马来西亚、菲律宾、日本、朝鲜、中国东海、南海都有分布，我国以广东省较多，海南省的西部海域崖县、临高沿海，广西北部湾沿海均有分布。

二、生活习性

1. 栖息与活动

日本对虾栖息于10～40米水深海域，喜欢沙泥底，白天潜伏沙底内少活动，夜间频繁活动并进行索饵。具有很强的潜沙特性，其深度在沙面3厘米以下。潜伏中的呼吸水流，以左右第一触角和第二触角的鳞片及大颚附肢作为呼吸管，通过鳃腔后由头胸部腹侧边缘排出，如图1-2所示。夜间觅食时常缓游于水的下层，有时也游向中、上层，在虾塘的高密度养殖中呈巡游状态。静伏时，步足支撑身体，游泳足舒张摆动，触鞭引前摆后，眼睛不时地转动；游泳时，步足自然弯曲，游泳足频频划动，两条细长的触鞭向后分列于身体两侧，转向，升降自如；受惊时，则以腹部敏捷的屈伸运动向后连续返跃或以尾扇向下拨水，在水面腾跳。

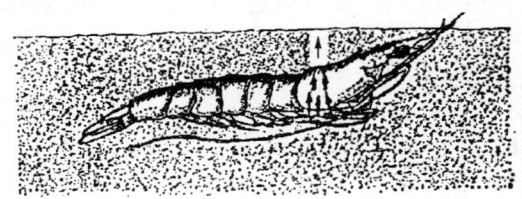

图1-2　日本对虾潜沙状态
（箭头所示为呼出水流方向）

2. 对环境的适应性

（1）对盐度的适应　日本对虾为广盐性虾类。盐度的适宜范围是15～30。人工培育对虾苗能淡化至相对密度为1.004（盐度为5.2），用于养成放苗时，成活率在90%以上。但高密度的成虾养成时适应低盐度能力较差，一般盐度不能低于7。

（2）对温度的适应　日本对虾属亚热带种类，适温范围较广，为25～30℃，在8～10℃时停止摄食，5℃以下时死亡，高于32℃时生活不正常。

（3）对水中溶氧（DO）的要求　日本对虾在池养中忍受溶氧的临界点是2毫克/升（27℃时），低于这一临界点即开始死亡。

耐干能力好,是较容易长途运输的种类。

(4) **对海水 pH 值的适应** 海水的 pH 值较恒定,一般在 8.2 左右,但虾塘的 pH 值多数达不到正常值,pH 值在水产养殖中是一个重要指标,直接影响 H_2S、NH_3 的含量,还影响虾的耐低氧能力。例如,当溶氧低于 2 毫克/升的临界点时,pH 值却保持在 8.3~8.4,这时虾不会死亡。相反,如果 pH 值低于 8.0,即使水中溶氧为 2 毫克/升,甚至高于 2 毫克/升,虾还是会死亡。

三、食性

日本对虾以摄食底栖生物为主,兼食底层浮游生物及游泳动物。刘瑞玉等根据 1974 年 5—9 月份样品分析,日本对虾的胃含物组成中有 16 个动物类群(图 1-3)。可以看出其主要摄食小型底栖无脊椎动物,但不能直接吃大型双壳类,偶尔吃死尸和碎屑。日本对虾对食物含蛋白质要求高达 60%,但其肠道排泄食物很快,特别是在密集群体中。由于日本对虾具有吃粪的习性,因而会产生某些食物再循环的现象。

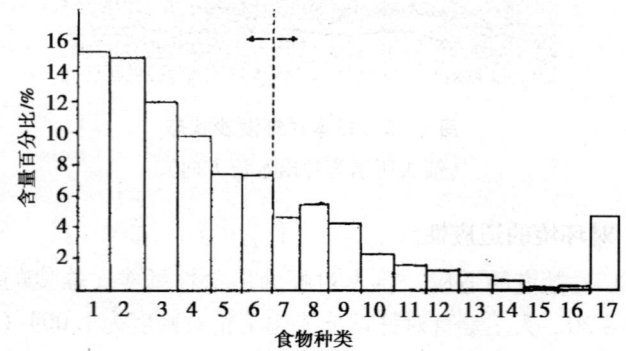

1. 双壳类;2. 腹足类;3. 游泳虾类;4. 端足类;5. 多毛类;6. 珊瑚类;
7. 有孔虫类;8. 短尾类;9. 头足类;10. 掘足类;11. 棘皮动物;12. 涟虫类;
13. 桡足类;14. 等足类;15. 介形类;16. 口足类;17. 泥沙

图 1-3 日本对虾食物组成的百分比

人工养殖时,日本对虾的饲料最好是小型低值双壳类,如蓝蛤、寻氏肌蛤等。但要注意清除残壳,以免妨碍对虾潜沙;其次是人工配合饲料。在冬天低水温时,可适当投小杂鱼,但注意高温时最好不要投喂含有血红素的鱼类,因为虾吃了这种饲料对其本身不利。

四、生长与蜕壳

日本对虾的变态、生长,总是伴随着蜕壳而进行的。每蜕壳一次,体长、体重均作一次飞跃增加。据调查材料分析,每蜕壳一次约按指数级生长增加。从无节幼体到仔虾需蜕壳12次,从仔虾到幼虾约需蜕壳14~22次,幼虾到成虾约需18次,即一生中要经过数十次蜕壳。

蜕壳多数出现在夜晚,整个蜕壳过程仅几分钟就可完成。

第二章 日本对虾养成的技术与措施

内容提要：日本对虾养成的生产程序；日本对虾养成的模式；虾池的选择与建造；养殖设施的配套。

日本对虾具有很强的潜沙习性，绝大部分时间在池底生活。底质的好坏是日本对虾能否正常生长的重要条件。因此，虾池应根据其池底污染的实际情况进行整治，而整治的关键是改良底质。如果虾池的底质整治不彻底，那么就违背了"养虾就是养水"的基本道理，所以要养好水，整治改良底质是最重要的根本环节。虽然不同地区养殖的模式不同，但总的生产工艺是一样的，本章将详细介绍日本对虾的生产程序及养殖模式。

第一节 日本对虾养成的生产程序

养虾收成之后就要进行排除积水、封闸晒塘、清理塘底、维修堤坝、清池除害、过滤进水、繁殖基础饵料及运苗、过数、下塘等工作。上述工作先后有序，具有时间性强、工作量大的特点。对虾养殖是一个综合的系列工程，如果一个生产环节被疏忽就会造成后面工作的被动，必须一环紧扣一环，认真做好。一般说来，养殖程序概况大致归纳如下（图2-1）。

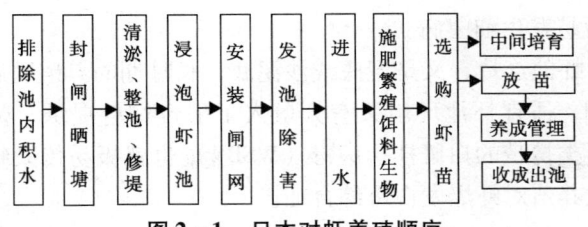

图 2-1 日本对虾养殖顺序

第二节　日本对虾养成的模式

我国华南沿海对虾养殖的主要模式有如下几种。

一、原生态养殖模式

原生态养殖模式是一种较原始的养殖方式（彩图 2），主要表现出如下特点：①根据海区鱼虾苗繁殖的时间，利用进水和排水纳鱼虾苗等进行低密度养殖；②在生产过程中不施肥，不投饵，完全依靠天然水域的生产力达到生态平衡，产量较低；③种类和数量较多，生物多样性丰富，不清塘；④不投饵或少投饵，养殖水体环境较好，细菌病也较少发生，但原生态养殖模式占用养殖面积较大，养殖密度低，养殖效益较差。

二、半精养模式

传统的依潮差纳、排水养殖模式在我国建于 20 世纪 80 年代至 90 年代初期，这是一种半集约化的养殖模式，也是我国目前养殖对虾的主体养殖模式（彩图 3），它具有如下特点：①虾池建在海湾滩涂，利用潮差纳水和排水；②虾池连片，少则千亩，多则几万亩，排水、进水交融，在养虾区形成营养富集区和相对独立的生态环境；③养虾池为泥底或沙泥底；④养殖池过大，一般在 20 亩以上。

由于是依潮差纳水和排水，很多养殖池存在不易晒干和不易清塘的问题，长时间的养殖必然导致虾类底栖环境恶化，细菌病原种类和数量显著增加，再加上海湾内因养虾大量投饵造成富营养

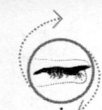

化,因而易发生细菌病。

由于虾池连片,又是泥底或沙泥底,长时期的养殖以后生物多样性增加,适宜虾池环境又有大量人工配合饲料提供,蟹类大量繁生,蟹类携带的白斑杆状病毒(WSBV)也就极易传染给养殖对虾,导致养殖对虾爆发白斑综合征。

三、混养模式

混养模式是指以养殖对虾为主,兼养其他生物的养殖模式(彩图4)。混养模式共有四种类型,即:虾鱼混养、虾蟹混养、虾贝混养和虾藻混养。这四种混养模式各有其特点,总体上讲是为了提高养殖的整体经济效益和预防病害的发生。以上几种养殖模式在国内普遍采用。

四、精养模式

当前在华南以小面积池塘精养,该模式虾池面积较小,一般以 2~5 亩为宜,比较标准化的池塘水深为 1.5 米,设有进、排水门和提水及增氧设备。进行对虾精养,放养密度大,养殖过程要彻底清塘除害,繁殖饵料生物,以优质的人工配合饲料科学投喂,换水率较高,养成产品高。

现将近年来在华南沿海地区以小面积池塘精养的几种成功的养殖模式介绍如下。

1. 全封闭防病模式

采用这种模式养殖日本对虾的前提条件是,无论高密度养殖或低密度养殖一定要有充足的溶氧,而且在充气过程中最好能把残饵、对虾排泄物和死亡的藻类等通过充气集中到虾池的中央区,在虾池周边形成较大的洁净水域,给对虾提供优良的生活空间。在养殖60天(低密度)至80天(高密度)后可逐渐添加经消毒的海水,以改良水质,促进对虾生长。这种养殖模式一方面可切断海水中白斑综合征病毒(WSSV)的传播途径;另一方面通过使用增氧机增氧确保水质不恶化,形成有利于对虾生长的良好底质,降低水体中的有毒物质含量,从而控制白斑综合征的爆发。

2. 深水防病模式

在潮差较大的地区,均应开展深水养殖。较深的水位有利于养殖水体环境稳定,提高水质的调控能力,使寒潮、台风、暴雨等气候环境因子对水质的影响相对减弱,病毒的潜伏感染不易转变为急性感染,从而减少了白斑综合征爆发的机会。

3. 沙质底防病模式

日本对虾大部分时间生活在池底,池底的洁净与否是决定对虾能否养殖成功的重要因素之一。沙质底易于清淤,减少了细菌对对虾的压力,降低了白斑综合征的爆发几率,也有利于对虾的生长。

4. 地膜防病模式

该模式能有效控制病毒病的爆发流行。白斑综合征的病原是白斑综合征杆状病毒,该病毒宿主范围广,包括养殖对虾、野生海水虾、浮游甲壳类动物、蟹等,但是到目前为止,只证明蟹是其保存宿主,可以携带白斑病毒过冬,传染给第二年的养殖对虾,引发白斑综合征的流行。蟹不能在地膜中生存,故只要控制养殖池和养殖地区没有蟹类或蟹类很少,也就消除了白斑病毒的初级传染源,同时依赖于土质的细菌性疾病也不会在地膜养虾模式中发生,因为养殖池不存在老化问题,细菌性病害相对减少,从而保证了养殖的成功率。地膜可以完全隔绝周围环境对对虾的不良影响,是目前比较理想的模式(彩图5)。如果能配合水体处理或适当换水,效果会更好。

以上几种养殖模式的显著差别是对水处理的方式不同,共同目的是维持良好的水环境,切断病原体的传播途径,保持对虾健壮、快速生长,达到健康养殖的目的。

5. 过滤海水防病养虾模式和净化海水防病养虾模式

这两种模式是由中国科学院南海海洋研究所经过试验取得成功的养虾模式。其中"对虾病害综合防治研究及过滤海水防病养虾系统的建立与应用"的成果已经获得中国科学院科技进步二等奖。两种模式的区别是:过滤海水防病养虾系统(彩图6)采用过滤系

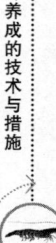

统处理养虾水源（彩图7），净化海水防病养虾系统（彩图8）采用净化系统处理养虾水源，而在两种模式中涉及的膜底池塘系统（也称无沙养殖系统）、中央排污系统等关键养殖设施和虾苗、饲料、水质、病害、对虾品质管理等关键技术则是相同的。

其中，过滤海水防病的养虾模式具有广阔的推广前景。首先，它克服了水源带病这一关键问题，能有效地预防白斑综合征等爆发性流行病的发生并彻底预防了敌害生物的危害，大大提高了病害控制能力和对虾养殖的成功率，使困扰对虾养殖业多年的病害问题得到有效解决；其次，该技术在充分应用全人工配料和高效机械增氧系统的基础上，采用了现代防渗土工膜（广东省佛山塑料集团股份有限公司经纬分公司研制）和配备中央排污系统的膜底养虾池，从而解决了虾池底质老化和污染残留的问题；再次，该技术采用有益微生物制剂，并通过适时换水调控水质，比较有效地解决了虾池水质不稳定的问题。病害预防、底质处理和水质问题的有效解决，是对困扰对虾养殖多年的关键技术的重大突破，因此，该技术系统可望成为今后对虾集约化养殖的首选模式。

6. 循环水生态精养对虾模式

该模式亦简称为环保模式，是当前对虾养殖的一种新模式，推动了对虾养殖业健康持续发展。广东省雷州市海洋与渔业局高级工程师曹耐在雷州市东里镇白岭村南宅仔海区开展循环水生态精养对虾，取得了显著的成绩，现将该模式介绍如下。

（1）养殖的设施与品种 曹耐设计的循环水生态精养对虾模式，是他多次到全国各地参观考察，借鉴其他水产品种养殖的经验，受启发研究而成。他于2001年在雷州市东里镇白岭村南宅仔海区建造了对虾养殖的环保模式试验池。该池为圆形，面积为1.71亩，池深为3.0米，平均水深为2.4米，最大养殖水体为2 712立方米。除了试验池，还有深水增氧机、接污池、沉淀池、水生生物沟、过滤池以及微生物活菌培养池。4月13日放养南美白对虾虾苗21.2万尾。

（2）该模式的特点与作用机理 ①一造虾一池水，节水环保。循环水生态精养对虾，实质是以一池水养虾。池水经过不断循环，除自然蒸发和吸收底污损失一些需用井水补充外,一造虾养殖过程中,一律不补充海水。循环水的流程是:虾池→接污池→沉淀池→水生生物沟→过滤池→活菌池→虾池。显然,它不但是一个节水工程、生态工程,而且是一个不污染环境的环保工程,同时外界环境的病原体也不会进入该养殖系统中。这种模式,虾病是很难发生的。

②投放有益细菌代替药物防治。主要特点是从放苗至养成的全过程绝对严禁使用药物。细菌池池底设有细菌繁殖桶,依据对虾的数量、生长情况、规格、水质、天气、pH值、透明度、水温、相对密度等因素来综合分析有益细菌的投放量和投放次数。经过过滤池滤放的清水因压力差流入细菌池,不断把细菌槽里繁殖的细菌携带到虾池中。细菌池繁殖的大量有益细菌可控制有害细菌及虾病病毒的产生。同时,利用有益细菌来分解对虾的排泄物、分泌的黏液和遗留的残物,进行生命活动,化害为利,并产生溶氧,使虾池保持一个稳定优质的环境。其中,有多种有益细菌也是幼虾的优质饵料,含有丰富的蛋白质。有益细菌对养虾池可谓一举两得,确保对虾健康养殖顺利开展。通过这种模式养虾,对虾不但不易发病,而且生长快、体色光滑、虾肉饱满,虾肉绝对不含虾药的成分,是百分之百的生态虾,该商品虾规格大,是人们的健康食品。

③虾池池底及护坡全部铺用防渗土工膜。广东省佛山塑料集团股份有限公司经纬分公司研制生产的高新产品——现代防渗土工膜,具有很高的抗拉、抗冲击、抗撕裂及顶破强度,又具有耐静水压高、防渗性能好、耐环境开裂优及寿命长、焊接性能好、施工方便等特点。该土工膜在水产养殖业方面的应用效果良好,针对当前中、高、低位虾池的渗漏、病毒污染等缺陷而专门设计的专用地膜,具有强度高、耐静水压高和抗酸碱腐蚀、抗微生物侵蚀、防渗漏、防老化、使用寿命长、焊接性能优的特点,并具有隔离原有塘底病毒、实现旧塘快速改造的作用,还能实现无沙养殖,减轻清晒养殖场地的劳动强度,节约清塘时间,增加养殖造数,有效地降低养殖生产成本。2000年7月5日在海南省凌水县海富水产养殖公司400亩虾场举行的防晒土工膜现场产品鉴定会,由广东省

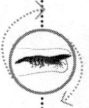

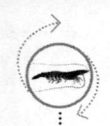

科技厅组织中国科学院海洋研究所、中国科学院南海海洋研究所、中国水产科学研究院南海水产研究所、中山大学、湛江海洋大学（现广东海洋大学）、厦门大学、福建水产研究所等研究院所的有关养殖专家参加。该产品现已在全国沿海推广应用，取得了可喜的成绩和显著的社会效益，为健康养殖作出了贡献。

养殖日本对虾也有采用分批投苗与间捕的方法。该方法要求3个月内每月放苗一批，从第4个月开始间捕。此法在日本、澳洲常采用，是目前日本对虾等虾类养殖产量最高的养殖方式，我国台湾省也常采用此方法，产量可以增加30%～50%，每公顷产量约为5～10吨，规格为18～30克。这种养殖方法相当于我国湛江市的分级养殖，亦称分段养殖（彩图9）。

第三节　虾池的选择与建造

良好的地理环境条件不仅是养殖日本对虾成功的保障，而且是养殖业可持续发展的前提。因此，虾池地理位置的选择至关重要。虾池建设对今后整个养殖过程中的虾池管理是非常重要的，是不可忽视的环节。

一、养殖场地的选择

养殖场的选择必须考虑以下几个因素。

（1）地理位置与水质　建设地点要选在风浪较小，地势平坦开阔，潮流畅通，海水洁净的海区。海水盐度适宜（盐度为8～30；放虾苗季节池水盐度高于6，成长后期最好为15～30），pH值为7.8～8.4，溶氧为5毫克/升以上；无工业、农业及生活污染；最好不选择红树林区和森林保护区。应先认真调查计划建设虾场所处海区的水质，综合分析，然后再确认定点。将虾场建设在水质环境良好的海区是建造虾场的基本前提。

（2）淡水水源丰富，并了解海水潮汐状况　要掌握潮汐次数，最大及最小潮差、一般潮差、高潮持续时间、历史最高潮汐、高潮位高程，拟建地点的地面高程等情况。若靠潮汐进行排灌的虾池，一般潮差应在 2.0~3.0 米，最小在 1.5 米以上，高潮持续时间应不少于 3 小时。潮差过大，将会因建造高大坚固的防潮堤坝而增加费用；潮差过小，必须依靠机械动力提水。

（3）交通方便，有电源供应

（4）底质以沙质或沙泥质为好，底质的 pH 值也是考虑的一个重要因素　当 pH 值低于 7 时，土壤呈酸性，会影响日本对虾生长。Potter（1976）对于半咸水池塘中酸性土壤的研究认为，一些沿海土壤会产生二硫化铁的积累。二硫化铁被氧化产生硫酸影响虾池 pH 值，使土壤释放出铁和铝，而铁和铝会将磷酸和其他藻类必需的营养盐结合起来，使藻类无法利用，也使施肥无效，水肥不起来，影响虾的生长。酸性硫酸盐土壤的特征是土壤表面呈红色，不宜建虾场。如果表土性状良好，而底土呈酸性，在挖土时尽量不要触动底土。

此外，还要考虑底质硬度如何。底质硬度较好，载重力较大，在堤坝建好以后沉陷较少。如果在烂泥较深的地方建池，不但大大增加建设费用，而且不适合养殖日本对虾（除非铺上土工膜）。

（5）进排水的区域分隔较远

（6）养殖面积不超过该海区的生态承受能力

（7）虾苗和饲料来源　必须考虑建虾池后，能否购到足够数量的虾苗和饲料。因此，应对拟建地点附近的情况进行调查，如虾苗分布情况和育苗技术水平。如果育苗量不足，虾场面积大，应考虑建育苗场供自身养殖生产的需要；另外，了解人工配合饲料的可供量，可联系日本对虾配合饲料的厂家，了解饲料价格、运输费用以及可供的优质鲜活小贝类的资源、价格、季节变化等，这些都应事先做好调查，做到心中有数。

（8）技术条件　在虾场建成前，应对生产和管理的技术进行研究。若技术水平高，建设规模可扩大；技术条件差的地方，应在规划后有计划地引进人才，逐步取得经验后进行扩大。

（9）产品销售和市场信息　产品的销售量与价格高低直接关系到经济效益。在选点时，必须对产品收获后卖到何方、销售活虾还是冰冻虾、价格如何、销售量多少等进行详细了解，要了解

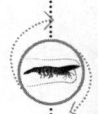

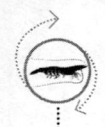

市场动态,以防销售和价格不对路而出现问题。

二、虾池的建造

1. 虾池的形状

日本对虾健康养殖的前提条件是创造一个清洁的养殖生态环境。在确定提水式高密度养殖的虾池(高位池)形状时,主要应考虑在增氧机充气时,促使虾池水形成环流,以达到池塘废物、虾的粪便、食物残渣等向虾池中央聚集的目的,虾池的形状应以圆形或接近圆形最为科学。如果选择长方形,长、宽比例不应大于3∶2。池底平整,需向排水口略倾斜,而且在虾池的转角处,必须是圆形或椭圆形。若虾池渗漏应铺防渗地膜,可选择循环生态养殖模式或过滤海水防病养虾模式,因地制宜进行建池。

2. 虾池面积

养殖日本对虾虾池的面积要根据各地排灌及技术管理水平等条件来确定。条件较好的高位池面积以1~5亩为宜,一般最大以不超过10亩为好。池底必须铺沙10~15厘米。

3. 虾池的水深

日本对虾养殖池的深度一般为2.0~2.5米,甚至深至3.0米,养殖水深为1.5~1.8米。水越深,放养密度便可加大,但所需增氧动力也要加大。建池时,虾池的垂直深度要比最大养殖水深高出0.2~0.3米。

4. 虾池堤及护坡

池堤迎水面可砌砖或铺设水泥预制板,也可直接浇注水泥挡板。池堤基部应高出当地历史最高水位0.3~0.5米,池堤坡度一般为1∶(1~5)。目前,不少池堤及护坡可直接用广东省佛山塑料集团股份有限公司经纬分公司生产的防渗土工膜铺盖,可省工、省钱,质量相当可靠,已全面推广使用,效果理想,是目前的最佳选择。

三、旧虾池改造

对于原有的已不适于当前健康养殖和精养的旧虾池,各地区应下决心逐步有规划地进行改造：①养殖池面积为5～10亩；②池深应达1.8～2.0米；③池塘保水性好，排水可彻底自流排干；④建蓄水池；⑤进、排水渠道分开；⑥如果池塘已老化或为酸性底质含有硫化铁成分的，应铺上地膜；⑦按健康养殖管理要求配置设备或设施。

第四节　养殖设施的配套

在潮间带建虾池，需修建防浪主堤。主堤应有较强的抗风浪能力，一般情况下堤高应在当地历年最高潮位1米以上，堤顶宽度应在6米以上，迎海面坡度宜为1:(3～5)，内坡度宜为1:(2～3)。蓄水池应能完全排干，水容量为总养成水体的1/3以上。采用循环用水方式，养成池的水排出后，应先进入处理池，经过净化处理后，再进入蓄水池。不采用循环用水，养成后的废水，也应经处理池后方可排放。在集中的对虾养成区，需要建设进、排水渠道，协调各养成场、养成池的进、排水，进水口与排水口尽量远离。排水渠的宽度应大于进水渠，排水渠底一定要低于各相应虾池排水闸底30厘米以上。如果采用高密度精养和蓄水养殖的养虾方式，应配备增氧设备，土池可用增氧机，水泥池可用充气泵和鼓风机。在滩涂、蟹类比较多的地区，应在养成池堤围置30～40厘米高而光滑的塑料膜或薄板防蟹隔离墙。

第三章 日本对虾健康养殖技术

内容提要：日本对虾养成技术；日本对虾养成的关键措施；日本养殖日本对虾概况；我国内地养殖日本对虾概况。

日本对虾属暖水性经济虾种类，是具有良好开发前景的海水养殖品种，适合于土池和人工高密度工厂化集约式养殖。日本对虾具有以下优点：①个体大、肌肉肥硕、体色艳丽、肉质爽滑鲜美，可鲜食，是上等海味；②较能耐低温，比斑节对虾、南美白对虾、蓝对虾强得多；③能耐干露，较长时间离水仍能活，且活力强，适于长途鲜活运输，可活虾上市销售；④在国内外市场非常畅销，而且售价高，是水产品出口的热门货。

由于上述优点，日本对虾成为当今世界上公认的对虾养殖的名优品种之一。日本对虾在日本和东南亚地区的养殖近年来发展很快。我国开展日本对虾养殖起步较晚，台湾省于 1986 年开始大面积发展日本对虾养殖，并于 1987 年开始向日本批量出口日本对虾，后来又转向养殖南美白对虾。在我国内地进行日本对虾养殖虽历时不长，但发展很快，现已达到一定的规模。在福建省，日本对虾已成为海水养殖的主要品种之一，在广东、海南、浙江、河北等省沿海地区也有不少养殖日本对虾的成功范例。

第一节 日本对虾养成技术

一、放养前的准备工作

(一) 虾塘的处理工作

先把池塘水排干→封闸晒塘→清淤→整塘(翻土或填土)、修堤→消毒(浸泡虾塘、撒生石灰或漂白粉、茶粕等)→安装闸网→进水→施肥繁殖饵料生物→肥水。

1. 虾塘彻底整治

底土的去污,曝晒,翻耕与消毒一定要彻底。"养水宜先养土",要认真确实做到:①清塘排水时,伴随冲洗,去除池底污泥,甚至在干底后移去上层污泥;②装塘、修堤坝、堵塞漏洞,一定要清除池边的野生螃蟹、水螳螂等;③清淤必须彻底,每亩加入生石灰100千克,曝晒与翻耕;④进水加入有益微生物制剂和少量氧化剂进行翻耕,促进有机物分解与有毒物质的去除。

2. 为什么要彻底整塘

由于不少虾塘的底质淤积了大量残饵、排泄物、生物尸体、有害生物、病原菌及病毒粒子,形成了一个极为恶劣的生态环境,给养虾带来极大的威胁和危害。

①虾塘水深不到1.0米,有的甚至只有0.8米,载水量明显下降,容易形成病原菌的富集地,池底污染严重,在自然条件发生突变时,加上高温、暴雨、台风等会导致虾塘环境的剧烈变化,出现应激反应,导致虾病爆发。

②淤泥中含有大量的有机质,在细菌分解下不断氧化,消耗池水的氧,会造成缺氧状态。在缺氧状态下,厌氧菌大量繁殖,发酵分解有机质,产生有害的硫化氢、亚硝酸盐、有机酸等物质,这些物质强烈亲氧,使池底层溶氧下降到较低限度,上、下层池水与池水对流交换又引起整个虾塘水体的溶氧不足,虾在缺氧的环境中最易发生细菌性疾病和病毒病。

③淤泥中有大量的含氧有机物(如施尿素过量等),无论是在

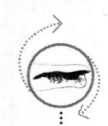

亚硝化细菌的作用下进行好氧分解,还是在硝化细菌作用下进行厌氧分解,两者的最终产物都是氨。氨的毒性很强,即使浓度低,也会抑制虾的生长。如氨的浓度较大,会引起虾血液和其他组织中氨的含量大大增加,导致血液 pH 值上升,对酶的催化反应,如细胞的稳定性产生不良影响。尤其是有些虾农在选购配合饲料时只从价格上考虑,选购原料差的低价饲料,配方不科学,不但饵料系数高,投喂低劣饲料,不仅虾不吃或吃后不消化,还严重污染水质,这些残饵沉积在塘底发酵发臭,水中氨氮浓度大,很快引发虾病流行或虾体氨中毒而死亡。

④池底黑化,池底长期处于还原状态。虾塘底质变黑发臭,虾塘的生态系统遭到严重破坏,饵料生物贫乏,底栖生物绝迹,淤泥中存在许多虾类寄生虫及原生动物的致病微生物,形成病原菌的活跃聚集区。当虾塘水质变坏,酸性增加,环境恶化时,虾的抗病力下降,而致病微生物等大量滋生蔓延,导致虾病爆发。

⑤在健康养殖的整个过程中,首先要保持一个良好的养殖生态系统,其次要有水质相对稳定的环境,一定要保持水体中的病毒和细菌不能超过养殖的负荷,否则病害发生就难以控制,所以要做到彻底清塘消毒除害,尤其是要认真做到彻底清塘。

(二) 虾塘消毒

清塘消毒的目的是通过施放药物,杀灭养虾池中的病原敌害和野生鱼类,为日本对虾养殖创造良好的池塘环境,清塘的方法比较多,常用的主要有以下几种。

1. 生石灰清塘

利用生石灰提高池水的碱性、杀死病菌、野杂鱼类和各种水生动植物。用生石灰消毒虾塘有两种方法:一种是干塘法消毒,即排水后留下塘水 5～10 厘米,按每亩用生石灰 60～75 千克,把生石灰磨成粉后,全池均匀洒开。生石灰粉遇水后,释放出大量热能,杀灭病原体。另一种是带水消毒,用于排灌水困难或清塘前无法排水的大塘,以水深 0.5～0.7 米计,每亩用生石灰粉 100～150 千克(使用浓度为 200～300 毫克/升)。此法是将生石灰盛入竹筐中,挂在船尾水中,缓划小船,搅动淤泥,使石灰浆渗入水中，可达到消毒效果。失效时间为7~8天。用于升高水体pH值，提升一个pH值单位的用量为10毫克/升。

用生石灰价格便宜，消毒效果也较好，能快速溶解细菌的蛋白角膜，具有杀菌和中和酸性作用。氢氧化钙遇到二氧化碳变成碳酸钙，是一种较好的单胞藻营养盐，能调节pH值，使悬浮的有机物凝结沉淀，增大池水的透明度，促进有机物分解，减轻池底及池水中的污染，改善养殖环境，保持生态平衡。

使用生石灰消毒应注意：①水中及底质中已有大量钙离子及碱性较高的虾塘不宜用生石灰消毒，因生石灰会促使磷酸盐沉淀，降低有效磷的浓度，造成水体中缺磷，抑制水生植物藻类生长；②水体中有机物不足的虾池使用生石灰后，会加快有机物分解，降低水体肥力，所以，用生石灰消毒后，必须施用有机肥或磷肥，否则会破坏虾池的生态环境；③有些养殖户使用生石灰过量，会造成虾塘温度高、碱性较强、氨氮高，毒性大，导致虾病害发生；④使用生石灰消毒的虾塘，不可用尿素肥水。尿素会增加氨的含量，破坏虾苗鳃组织，会引起死亡。

2. 漂白粉

漂白粉一般含有效氯为30%~38%，久贮易失效。漂白粉遇水或二氧化碳时，会放出次氯酸，有极强的杀菌作用，消毒用量为20毫克/升，即1米水深用量为13千克/亩，均匀泼洒池中，须在晴天时进行，失效时间为3~5天。

必须注意：切不可将生石灰与漂白粉合用，因为漂白粉产生的次氯酸，在生石灰产生的强碱水中灭活性较低，因生石灰产生的OH^-与次氯酸产生的氯化氢中和后，其灭活杀菌效果很差。

3. 茶粕的消毒

茶粕俗称茶子饼，两广及闽南称茶麸，是油茶榨油后的残渣，茶粕中含有12%~18%的茶皂素。茶皂素是一种溶血性毒素，能使鱼的红细胞溶化，故能杀死野杂鱼类、泥鳅、螺蛳、河蚌、蛙卵、蝌蚪和一部分水生昆虫。用量为40~50千克/亩，把茶粕粉碎后用塘水浸泡26小时，滤出茶粕渣，将浸出液均匀地泼洒于虾池，40分钟后可见害鱼大量死亡。清塘的效果以生石灰或漂白粉为好，

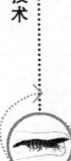

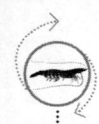

如兼肥水作用则用茶粕亦可，因茶粕的蛋白质含量较高，是一种高效有机肥。

另外有的养殖者使鱼藤精消毒，用量为4.0千克/亩（含2.5%鱼藤酮）或1.5千克/亩（含7.5%鱼藤酮）。

（三）晒池

每造收完虾后，把塘水排干，有条件的情况下，可晒池至塘底龟裂，彻底清除池底淤泥和有机物、塘壁藤壶等。

（四）进水

虾塘的整塘消毒完成后，引水入塘，养殖用水是经沙井或沙池过滤的海水，也可用4毫克/升的漂白粉消毒（含有效氯30%以上）或用2~3毫克/升的强氯精对池水消毒后，以备进行肥水。

（五）培养饵料生物

1. 培养基础饵料生物的目的

放苗前先在池塘中培养好小型浮游生物及底栖生物，这个过程的目的是培养基础饵料生物。由于这些饵料生物富含多种对虾生长所必需的营养元素，是对虾良好的天然饵料，特别对对虾早期生长有很好的作用，能够提高对虾的生长速度，增强其抗病能力。有益的浮游生物，既可以净化水质，又可以降低养殖成本，减轻残饵对池底的污染。在养虾池内培养繁殖的饵料生物主要有：硅藻、角毛藻、骨条藻、舟形藻、新月菱形藻、小球藻、扁藻等单胞藻；浮游动物中的轮虫、枝角类、桡足类和甲壳类、贝类的幼体以及小型的多毛类、沙蚕等。在北方养殖中经常采捕些钩虾、沙蚕、拟沼螺等饵料生物，移到虾池内繁殖，为虾类提供优质的活饵料，华南沿海天然生长很多端足类生物，也可引进虾池中。

水质对虾池养虾的作用是有目共睹的，通俗地说，养虾先要养好水，这是关键的问题。那么要如何养好水，也就是虾农所说的肥水，其中有许多学问，做起来并不容易，首先要知道肥水的目的，肥什么水以及其方法、时间等。肥水的目的是要造就虾池内稳定的小环境，快速培养池内的饵料生物，发挥优势种单胞藻类抑制病菌的作用，使水质长期保持最佳的养殖安全状态，以达到在池内形成初级生产力的目的和生态防病的最佳效果。

2. 培养基础饵料生物的方法

(1) 施肥时间　施肥时间应在放苗前 20 天左右,因为肥水过程池塘中的许多理化因子都在剧烈地变化,其中最明显的就是 pH 值的变化,前期 pH 值一直在增加,一般在 10 天后会逐步下降;20 天左右时 pH 值降至 8.5 左右,适宜对虾生长。而且此时水色、透明度和浮游生物量都处于较好状态,放苗比较合适。因此,施肥宜安排在放苗前 20 天左右。

(2) 肥料的用法　肥料分为有机肥和无机肥,也有的使用氨基酸之类的物质进行肥水。不过,现在肥水的主要措施还是使用有机肥、无机肥和一些复合有益菌。有机肥一般使用牛粪、猪粪、鸡粪和茶子饼等,牛粪、猪粪、鸡粪在使用之前要经过消毒发酵,方法如下:1 亩取 20 千克左右干的牛粪或猪粪、鸡粪与 1/5 左右的生石灰混合,用水浇透,7 天后施放活菌,再过 3 天即可使用。可挂袋于池边或在发酵池中搅匀,并用网纱过滤后,用水全池泼洒,不用鸡粪渣。茶子饼的用法与用量:每亩虾塘 20 千克左右、磷肥 4 千克左右混合均匀用水浸泡,2 天后即可使用,但混养鱼的池塘不可使用此方法。农用化肥的用法与用量:第一次使用尿素为 $5\sim6$ 克/米^3、过磷酸钙为 $1.5\sim2.0$ 克/米^3,以后每 $3\sim4$ 天用 1 次,用量为首次的 1/3,一般 20 天左右水色即能稳定。在肥水的同时可施放枯草芽孢杆菌、乳酸杆菌、链球菌、光合细菌和酵母菌等有益微生物,使之在水中形成优势种群。

具体使用哪些肥料,应由池塘底质状况决定。一般来说,泥质和沙泥质池塘,直接用无机肥效果最好。沙质底、高位池和铺地膜池塘肥水时困难些,可用无机肥和有机肥相结合的方法,效果较好。

(3) 培养方法　许多虾农反映,虾塘施肥后,水肥不起来。一旦肥起来,很快又变清,反反复复,很难培养藻类。经了解,许多虾农为防止虾病发生,采用了全水体消毒的方法,养殖水体有多深,就用多深水体消毒。

用进满水的方法毒塘和水体消毒,敌害生物及各种病原体当然

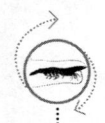

会被杀死,但池中各种有益生物,包括各种浮游动物、浮游植物也被杀死,这些生物被杀死后,水体变透明,可见到池底。在这样的水环境中,已没有藻种,这就是施肥后水难肥的原因。这种水体由于藻的种类少,即使培养一定水色和透明度,也不能持久,所以水色反反复复,很难肥水。

正确的毒塘方法是进水10厘米左右,以刚淹没池底面为准。这种水体既能把池底细菌、病毒杀死,也能把敌害生物杀死,又可节约成本。毒塘结束后2~3天,即用80目网纱过滤进水,防止鱼类、虾幼体或卵以及大型浮游动物进入塘内。这时进的水带进大量浮游生物,即浮游动物和浮游植物。这些浮游植物在施肥时,吸收营养盐,24~48小时内即可培养出良好水色和透明度。浮游植物迅速繁殖又为浮游动物提供饲料,浮游动物又迅速繁殖,形成良好的生态环境。这时刚放下的虾苗,在良好环境中便迅速生长。

(4)培养管理 有些虾农认为,放虾苗前进行肥水,只是为了培养浮游动物给幼虾吃,水色和透明度并不重要,错误地认为投喂人工配合饲料也可达到相同目的。这样的想法是极端片面的。肥水最重要的作用之一是增加溶氧。池塘通过肥水,改变了水色和透明度。而水色和透明度主要是由浮游植物的种类和数量决定。浮游植物的作用是能在阳光下进行光合作用放出氧气。浮游植物越多,则放出的氧气就越多。

在日常管理中,当水色和肥力减弱时,一定要及时补充相应的活菌制剂和肥分,当天气或其他因素使得水色发生较大变化时,要用底质改良剂或其他一些方法及时调转过来。

总之,肥水主要应考虑以下方面:①避免饵料生物单一性。应根据对虾在不同生长阶段对饵料的需求及饵料的繁殖周期采取综合培养措施,这样可以相对延长饵料生物在虾塘内的繁殖时间,使对虾能得到多品种的饵料生物;②在培养饵料生物时,应考虑到水体的负载能力和生态平衡;③纳水引种应事先了解本海区或水域有哪些饵料生物和敌害生物以及它们出现的高峰时间,以便进水肥水时避开敌害生物;④施肥应少而勤,有"三不施",即:水色浓不施,阴雨天不施,早、晚不施(中午之前施)。

3. 基础饵料生物与水色

一般经 3～5 天，因繁殖了大量浮游植物，虾池的水色就会变浓，水的颜色与浮游植物的优势种有密切关系，虾池的海水密度在 1.015 以上，以硅藻、金藻为主，水色多为黄褐色或褐色。虾池水的密度在 1.010 以下，施肥后繁殖的多数是绿藻类，水色多呈绿色或黄绿色，是良好的水色。水色是指池水在阳光下呈现出来的颜色，组成水色的物质包括金属离子、污泥及腐殖质溶存在水中的物质，悬浮物或胶状物，尤以浮游生物对水色的影响较大。

（1）水色的特性 ①增加溶氧；②稳定水质及降毒作用；③可当对虾饵料；④减少透明度，保护养殖生物避免敌害的侵袭；⑤提高并稳定水温；⑥抑制丝状藻与底层藻类的繁殖；⑦抑制病菌的繁殖、保护虾池生态平衡。

（2）水色的种类对养殖的影响 ①红棕色：主要含硅藻，是对虾养殖的最佳水色，并含有新月菱形藻、中肋骨条藻、小球藻等，这些藻类是对虾幼体的优质饲料；②碧绿、翠绿和浓绿色：虾农称为绿豆青，主要含有绿藻，能吸收水中大量的氮肥，净化水质，这种水色也是养殖者所期望的水色；③暗绿色：主要含有蓝绿藻，老化池易发生，对虾发病率高，但存活尚佳；④黑褐色与酱油色：主要含有鞭毛藻、裸藻、褐藻等，这种水色是管理不当，加投料量过多，残饵增多或饵料质量差，底质恶化，老化等造成，虾易中毒死亡，发病率高；⑤黄色水：主要含有金黄色鞭毛藻，池中积存太多的有机物，经细菌分解，pH 值下降，不适养虾；⑥白浊色或清色：主要含有较多的浮游动物如轮虫、桡足类等及有机碎屑和黏土微粒，池虾易得病，存活率低；⑦澄清色：水中含大量有毒物质或重金属，pH 值过低，无浮游生物，不能养虾。

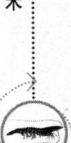

（3）影响水色的主要因素 ①池水营养盐不平衡；②水中缺少必需的二氧化碳；③水体中浮游动物量过大；④施肥不当。施肥过量，天晴水温高，引起池中藻类繁殖快，水色浓，透明度低，pH 值升高，藻类繁殖高峰后，易衰老、死亡，使水色变清。另一方面，可能施肥不及时，藻类营养跟不上，产生衰老。要科学施肥，具体掌握，做到少量勤施，保持水体有一定营养盐，才能使藻

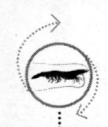

类良好生长，水色稳定。

新虾池若水质过瘦，可能是因施肥的氮、磷比例不当，要查明原因。最好在施肥时，适当增加有机肥及植物生长素之类的肥料。如果虾池出现黑褐色、深褐色的浮游生物，俗称"土皮"，原因是施肥不当，特别是施化肥深入水底，很快被底藻吸收，池水变清后，此时因阳光直射水底，底藻更是疯长，一旦形成了恶性循环，只能放水重新肥水。

华南地区普遍是中午气温高，早晚较冷，尤其在春、秋季节早晚温差变化大，过早投放菌种不利虾苗生长，所以纳水时要尽量保持虾池高水位，肥水时要开动增氧机，使虾苗有个稳定的生活环境，也可减少底藻被阳光直射而疯长的机会。

养殖业者应改变过去肥水的习惯，可采用化肥在进水口吊袋和用发酵的鸡粪在池边吊袋的科学肥水方法，能很好地解决培育有益浮游单胞藻的问题。

（4）稳定养虾池中的有益浮游生物　在养虾过程中，浮游生物会发生变化而导致水色变化，以致虾发生疾病。稳定水色，前期透明度保持在30～40厘米，中、后期透明度在40～50厘米是养虾成功的关键。

要以科学方法肥水，维持良好与稳定的水色。

①首先要对池塘的底质、水质进行全面的监测与分析，根据具体情况，正确使用肥料的种类与用量，防止前期施肥水质肥料不足，透明度大，生长底藻、丝状藻，养殖中、后期水质过肥，藻类繁殖快。因此，投饵要宁少勿多，因饲料残渣过剩会为细菌繁殖创造机会，很易引起虾病发生。

②稳定虾池的生态平衡。在雨季特别是暴雨时，要防止虾池盐度、pH值等因子的突变，导致藻类死亡，水质发生骤变。要加强观测，及时排掉雨水或启动增氧机，若pH值偏低可用石灰调节。盐度太低时，排掉上层的部分池水，应纳入海区盐度较高的海水，总之要密切注意虾池水质的变化，确保虾池的生态平衡。

③合理应用增氧机，保持良好水质。使用不同类型的增氧机，使虾池溶氧均匀分布，促使虾池水形成环流，把池内废物集中在

池中央，利用排污设施排出或用吸污泵吸出到废水池，消毒处理后排出，保持虾池水活、嫩、爽，有利对虾生长。

④应用微生态制剂净化水质，使浮游生物良好繁殖。在虾池使用有益菌的种类，要根据水质来选择，尤其在精养高密度养虾池，在后期水质较难控制，要特别注意。通常有益菌有两类：一类是光合细菌，它对底泥和水质的氨氮、硫化氢、有机酸等有很好的作用，可迅速净化，但不能利用大分子有机物，如蛋白质、淀粉等；另一类是化能异养细菌，它们在环保、净化水质、环境修复方面应用较多，如芽孢杆菌、消化细菌之类都属于这类，它们能把蛋白质、糖类、脂肪等大分子有机物，氨、有机酸等分解为小分子或无机盐，供单胞藻利用，保持虾池水生态平衡。

⑤控制稳定水色。养虾后期，池水较肥，往往微藻繁殖过度，出现不正常的水色，常见的是水色过浓，透明度很低，pH值升高。可采取适当换水过滤或施用药物杀死部分微藻，如含氯消毒剂与沸石粉混用，或用螯合铜以 1 克/米^3 用量杀死部分藻类。如果虾池出现不正常水色，水色变红、变黑等，大多是因有害藻类或原生动物等大量繁殖所致，要查明原因，适当换水，针对性地对水质与底质进行必要的药物处理，并启动增氧机。

为了更好地培养饵料生物，养虾者还须施用植物生长素，水产专用肥等，同时，施一些微生物制剂，并在施肥时开动增氧机。

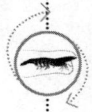

二、虾苗的选择与放养

虾苗的优劣关系着养虾者的切身利益，每位养虾者都希望能获得最好的虾苗，同时也获得更高的产量，因此，如何选购到品质优良的虾苗就成为能否确保养虾成功的关键。

1. 虾苗选择

（1）对育苗单位的选择　养殖户在购买虾苗时要选择信誉好、实力强的育苗单位的虾苗。

（2）检查育苗池和虾苗规格　检测苗池的温度、盐度和虾苗的长度，最适合的放养规格（工厂化培育的虾苗）是体长为 0.8～1.1 厘米的仔虾。培育池内虾苗具一定的密度，池内未发现死苗，

虾苗体表不发红。

（3）观察虾苗的状态　此时用肉眼即可清楚地观察到虾苗的形态和活动状态，品质优良的虾苗应具有以下特点：①虾苗个体大小均匀，体色透明、晶莹通透，活力强，弹跳有力；②虾苗的触须要并在一起坚挺向前，尾扇要完全打开，腹节较长；③虾苗体表干净，无寄生生物和损伤；④虾苗的肠胃饱满，胃呈橙红色或墨绿色；⑤在静止状态下大部分虾苗应呈伏底状态，有顶水现象。

2. 调水

日本对虾的自然生活环境是海水，育苗用水是盐度较高的海水。尽量通过淡化调整育苗池的盐度与育苗池塘一致。盐度在 5 以上时差异不超过 5。

3. 虾苗试水

养殖户可提前 1 天自带池塘水测试虾苗是否能长时间保持活力。目前养虾者最为担心的就是放苗成活率低。虾苗试水可以检测清塘消毒的药物毒性是否消失。因此，我们建议养殖者在购买虾苗前一定要用虾苗进行试水（准备放苗的池塘下风处底层水），以降低养殖风险。试水时注意观察：①比较虾苗在池塘水的活力是否和在育池水一致；②观察虾苗是否在短时间内出现抽筋、沉底等不正常现象；③虾苗试水后身体应一直呈透明状，不出现发红等状况。

4. 虾苗放养

放苗的好坏也是养殖成败的关键因素之一。国外水产养殖者很早就引入了"应激"（stress）的概念，其主要内容是动物在受外界刺激时，免疫力会下降，因而动物的死亡率显著提高。虾蟹类尤其是这样，在受到外界不利因素的刺激时，不会全部死亡，个体也不会反映出明显症状，而是出现群体数量的下降，也就是成活率明显下降。在运输过程中难免出现高密度、震动以及有害排泄物浓度过高等不利因素，因此，在放苗过程中，就要尽量避免温度、盐度和 pH 值的差异造成的对虾苗的刺激。

（1）虾苗的运输　日本对虾苗在装袋运输时，其密度也可适当比斑节对虾大些,如一只标准的尼龙袋,规格为60厘米×30厘米×20厘米,充水1/3,在气温25℃左右,运输时间为10小时左右时,每袋可装规格为0.8厘米的日本对虾苗1万尾。

(2) 放苗的方法　池塘条件千差万别,我们在放苗时要努力给虾苗一个适应过程,具体方法是将运到池塘边的虾苗连尼龙袋整体放置在池塘中,一段时间后,内外水温就会趋于一致,找一个较大的容器,如菱桶,将尼龙袋解开,将虾苗倒入容器中,再用小碗或水勺舀池塘水缓慢加入容器中与运送虾苗的水搅动混合,这一过程为适应过程,适应过程的时间长短可以这样确定:先测尼龙袋中运输用水的水温、盐度及pH值,再测池塘水的温度、盐度及pH值,比较三项指标的差异,水温相差1℃时需适应15分钟,盐度相差1时需适应15分钟,pH值每相差0.5时需适应15分钟,三个时间值不叠加,而是取最大值。

需要指出的是,同一个养殖场内的池塘条件各不相同,差别可能会很大。放苗时间最好选择在清晨日出以后,这时的水温较低,水质也较为稳定。要尽量避免在午后放苗,午后池塘水温高,溶氧高,pH值也会很高,不利于虾苗放养。

(3) 放苗的密度　日本对虾放苗的密度一般掌握在每亩1万~3万尾,这样的密度有利于保证高产。

三、放苗的条件及注意事项

1. 放苗的条件

培养基础饵料生物10~15天,透明度为30~40厘米,水色为茶褐色或浅绿色;4月上旬以后(在谷雨后),水温在24℃以上;池水消毒药性已消失;虾池水相对密度尽量与培苗池一致,盐度差不要超过0.005的相对密度值,虾池要求相对密度不低于1.008;池水pH值为8.4~9.0,池底泥pH值和池中水的pH值之差不能超过0.6(池底泥pH值可用池中水按2:1比例沉淀2小时测定),虾苗规要达1.2厘米以上,大小均匀、健壮、弹跳力强、逆水性好、无病害。

放苗时要做到:①清塘除害不彻底不放苗;②天气不好(大

雨天）不放苗，肥水不好不放苗；③pH值低于7.8不放苗；④水温最好在20℃以上；⑤虾池水深应在80厘米以上。

2. 放苗时应注意的事项

放苗时间应选择在晴天10:00前或傍晚后，避免中午放苗。每口虾池应一次放足数量，力戒多批放苗，以免造成"公孙虾"，影响生产效果。放苗数量要准确，以利计算投饵量，运回场的虾苗最好能重新抽样计算，然后投放下池。要在虾池上风的避风一面、水较深的地点放苗，同时尽可能距离围网远些，切忌在迎风浪或浅滩处放苗，以免虾苗被风浪推向岸边而死亡。虾苗运到养殖场后，把整袋虾苗置池边水中，浸泡10分钟以上，待袋内水温与池内水温大致相近时才放苗。放苗时搬动要轻巧快捷，先把苗袋解开，往袋内加入半袋水，约5分钟后，再将虾苗倒入池水中。有条件时，用大塑料盆先装入1/3盆水，徐徐倒入虾苗，然后逐渐加水至盆满，放置约5分钟等虾苗慢慢适应后，再将盆潜入水中将虾苗缓缓倒入池中。

3. 虾苗的中间培育

虾苗经过标粗后，再放入大池养成有三个好处：一是便于开展多品种多造次养虾；二是标粗池水体小，便于管理，饵料利用率高，节省饵料；三是通过标粗虾苗的成活率高。

（1）标粗池　标粗池设置在养成池内，位于进水闸堤与侧堤的边角，面积约为养成池的1/10。在标粗池与养成池之间的堤上建一个放苗闸，闸门为0.5~0.8米宽，闸网、闸板的设置均与养成池相同。此外，在养成池中设置网箱标粗虾苗，效果也很好。

（2）标粗放苗与营养　放苗前标粗池的清池和繁殖生物基础饵料跟养成池的做法相同。标粗池的放苗量为每亩10万~15万尾，一般是按大池的放苗计划一次放足。投苗后第二天就要投喂饵料，饵料的品种有鱼、虾、贝类的肉浆或用这些肉浆加蛋黄蒸成的蛋糕以及人工配合饲料等，所投喂的肉浆和蛋糕鲜度要好，并使用20目筛绢网过滤后全池均匀投喂，日投量为虾苗体重的2倍，并随着虾苗个体的成长酌情增加投饵料量，每天投喂3~4次。管理上要注意防止水质的恶化和虾苗的相互蚕食，投喂第二天后就必须添水和换水,有条件的还要设置机械提水设备,在阴雨天和台风前的高温期都应注意注入新鲜海水;平时要保证2~3天能彻底换水一次。这样,虾苗经10~20天的标粗培养,体长可达3~4厘米,便可以开启标粗池的放苗闸,将虾苗诱出到大池继续养成。

四、科学投喂饲料

饲料是对虾生长的物质基础,饲料的营养配方是否科学、饵料系数的多少,是健康养殖能否成功的关键因素之一。健康养殖必须要有高效优质的配合饲料。选择好的饲料,还要做到合理投喂,根据对虾不同生长阶段的生理需求和当时的生活状态进行精确、科学地投饵,其目的在于避免养殖投饵的盲目性,要做到既使虾吃饱吃好,又不造成浪费,降低养虾成本,取得良好经济效益。要做到合理投饵,就必须计算投喂饵料的量,因此要知道虾的存活率是多少。要做到科学投饵,必须做到:①掌握虾塘内虾的数量、大小;②掌握虾的健康状况、蜕壳情况;③掌握水质环境状况与用药情况。

日本对虾不但要求饲料有较高的蛋白质含量,同时也要求含有适量的碳水化合物、脂肪、无机盐和维生素等。日本对虾蛋白质的氨基酸组成与蛤类等软体动物最相似,稍次一点是柔鱼和某些小虾。由于日本对虾的摄食时间和方式与其他对虾不同,所以应当根据日本对虾的特点进行饲料投喂,这样才能保证投喂效果。

饲料的科学投喂是日本对虾养成中的关键技术之一,对提高饵料效率、促进日本对虾生长具有重要的作用。

1. 日投饵量的确定

(1) 根据虾池内虾的数量和平均体重计算日投饵量　①虾池内对虾数量的测定:体长在5厘米以下的小虾的数量测定方法上面已介绍过,体长在6厘米以上的虾,可用旋网定量法测定池虾尾数。根据虾池面积进行多点取样,方形池可在四边中部各取一网,池的中部取四网,由捕到虾的总数,利用如下公式,求出全池虾的数量:

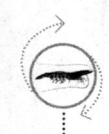

全池虾尾数 = 捕虾总数×虾池面积（平方米）/
[K×网口面积（平方米）×撒网次数]

K为网口收缩系数，随水加深而增大；水深1米其值为2，水深2米其值为3。

②虾池内对虾平均体重的测定。可用小吊网或定置网进行测定，其计算公式为：

虾平均体重 = 入网虾总重量/入网虾尾数

为使测算的数值准确，小吊网取样应不少于4个点，定置网取样应不少于2个点，根据各次取样计算出平均值。

③根据池虾尾数和平均体重计算出池虾总重量。其计算公式为：

池虾总重量 = 池虾平均体重×池虾尾数

④根据池虾平均体重和总重量确定日投饵量。一般情况下，虾体重为1~5克，投以总重量的为7%~10%；虾体重为5~10克，投以总重量的4%~7%，虾体重为10~20克，投以总重量的3%~4%。上述日投饵量，均指人工配合饲料的干重。如果投喂鲜活饲料，可把鲜活饲料折算为干重量，折算比率为：蓝蛤、寻氏肌蛤为6:1；四角蛤蜊、鸭嘴蛤、楔形斧蛤为8:1；杂鱼虾为3:1。

（2）根据池内对虾摄食情况调整日投饵量　饲料投放后，认真观察摄食情况。如果饲料很快被虾吃光，说明所投饲料不足。在虾池环境条件正常的情况下，投饵后1.0小时，如有2/3以上的虾达到饱胃和半饱胃，说明投饵量充足；如投饵后1.5小时，没有残饵，说明投饵量合理。如发现不足，应适当增加，反之应减少。

（3）根据虾池环境条件调整日投饵量　包括水质和底质条件以及天气情况等。环境条件差，摄食量下降，应立即减少投饵量，并查明原因；否则，残饵过多，污染水质。

（4）根据池内对虾生长情况调整日投饵量　在环境条件一切正常的情况下，若虾生长慢，说明投饵不足或饲料质量差，应及时调整。在池虾大量蜕壳和发生疾病时，应减少投饵量，防止投饵过剩。

对于上述各个方面应进行综合分析，才能确定出较为合理的日投饵量。

2. 投饵时间和每次投饵数量

日本对虾日落后才出来摄食,而在午夜饱食之后又恢复潜沙。如果不感到饥饿或没有其他情况影响,其下半夜一般是不会再出来活动的。因此,投饵应在日落后进行,于午夜时结束。其中,日落后1个多小时以内为日本对虾摄食最盛期。这时,日本对虾在经过十几个小时的潜伏以后,胃中的饲料已被消化完,是最为饥饿的时候,此时多投饲料可获得最佳的投饵效果。一般情况下,此时可投喂日饵料量的50%,3小时后再投35%,午夜时投15%。各次所投数量,根据实际摄食情况作调整。

对于日本对虾的投饵方法,廖一久、李正森等于20世纪70年代进行过间断投饵的研究。结果证明,平均体重为0.71克的小虾,以每日投饵较好;平均体重为2.86克者以3日投饵,1日停食为好;平均体重为5.16克者以2日投饵,1日停食为好;平均体重为9.45克者以1日投饵,2日停食较好。其试验表明,停止投饵的时间并非越长越好,停止投饵时间过长,则对虾增重率与饲料转换率均随之下降,甚至造成对虾饿死或相残致死。因此,要试行间断投饵法,宜在养虾技术条件较好的地方先做小规模试验,待取得成功经验后再予以推广。

3. 投饵方式

日本对虾在池中不作索饵群游,而是散布在全池滩面上摄食,因此,投饵必须做到全池撒投。

(1) 小虾的投喂 放苗后1个月左右,小虾活动力较差,在池中分布不均匀。个体小,摄食量也少,主要靠池中的基础饵料生长。若池中基础饵料不足,应投喂鲜活饲料与人工配合饲料,在池中设若干个投喂滩带,把饲料投在滩带或饲料观察台上,其他地方不投,使小虾吃到饲料,又不污染水质。随着虾体长大,分布面扩大,随时进行调整。

(2) 中、大虾的投喂 虾长大到4~5厘米以后,在池中分布趋向均匀,活动能力和摄食能力也有所增强,此时应扩大投饵面积,可把60%的饲料投到原来投饵滩带和饲料台上,40%投到池

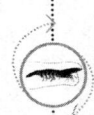

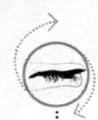

中其他滩面。当虾长到 6~7 厘米以后，此时可全池均匀撒投，但应避免投饵量过大，造成底质污染。

在养殖过程中要做到各种饲料的合理搭配。除培养好基础生物饵料外，在虾长到 4~5 厘米以前，有条件的可多喂鲜活料；在4~5厘米后应选择优质高效的人工配合饲料和鲜活料交替使用，使日本对虾摄取的营养更全面，促使其健康生长。饲料必须选择口碑好的产品。

（3）投饵应注意的事项　投喂时要坚持勤投喂，除了遵循"少量多餐"的原则外，还应按具体情况有针对性地进行投喂，要做到：①腐败变质的饵料不投，水质严重恶化不投；②大风暴雨暂时不投，对虾浮头不投；③对虾生长前期少投，中、后期多投；④风和日暖、水质条件好时多投；⑤蜕壳时不投，蜕壳后多投。

五、巡塘观察

养殖期间应自始至终密切注意塘内虾的动态和环境变化，包括观察水体和池底颜色、气味，检查饵料消耗和流失情况，观察虾活动状态，检查堤坝是否安全，闸门是否漏水以及防病除害等具体事项，以防意外情况发生。因此，认真巡塘察看成为养殖管理中必不可少的经常性工作。

1. 观察水色

水色反映了虾塘中浮游生物的数量和种类，正常的水色（淡黄绿色、浅茶褐色，有新鲜感，透明度在 40 厘米左右），一般是在进水初期即创造优势的水色，之后一直掌握保持这种水色至大虾收成。

一般说来，水色可分成绿色水系与褐色水系，褐色水系养虾要比绿色水系快，但褐色水中褐藻类繁殖快，维持稳定时间短，所以用褐色水养虾，一般在养殖业中认为是对水质管理技术较有把握且经验丰富的养虾技术员才能施行的。

养虾塘水色的变化，通常都认为是识别浮游植物，即藻类生长的依据；此外，还有微生物及浮游动物、细菌、原生动物、轮虫、甲壳类，如枝角类、桡足类等。

虾塘的水色如果呈深绿色则是鞭毛藻类等过度繁殖的结果；桡足类多时稍泛白色；原生动物大量繁殖时水呈红色；若水色变清，表明浮游植物大量死亡；如果水清见底且非突然变清，往往是浒苔和沟草大量繁生的缘故。根据水色判断水清程度，结合检查和水质分析来判断水质好坏，进而采取相应措施。水色透明度应控制在40厘米，如果透明度少于40厘米，表明藻类多，应增加换水量。水色不足有许多原因，如换水量过多、环境不适、有机盐类不足、水温太低、浮游动物太多等因素。要掌握多种水色判别法，利于防微杜渐及降低换水成本。换水量以pH值不要改变太多为原则，这样可以保持对虾的适应性和水环境的相对稳定。

2. 观察池底颜色和气味

正常的虾塘底无异样气味，如果塘底变黑，散发臭味，表明底质变坏。池底变黑并迅速扩大是造成虾塘老化的原因之一。在高温季节，虾塘有机物沉积或在第二、第三造养虾时造成池底变黑，在细菌等作用下腐烂分解，不仅消耗大量氧气，而且产生大量有害物质（如硫化氢）。在池底黑化严重的地方，虾往往出现中毒症状，应立即采取措施，改善底质条件，否则会导致虾鳃变黑、呼吸机能减弱、食欲减退、活动能力下降、体色变暗、甲壳变质、生长停滞而死亡。

池底变黑的原因是：清池不彻底、投饵量过大或投放已变质的饲料；水体中有大量丝状藻或水草等老化枯死而沉底、池水过肥，换水量不够；蓄水区有较多的有机物，换水时引入虾塘。这些淤积于虾塘中的有机物在细菌等作用下腐烂分解，造成塘底"黑化"。在养殖期间，一旦发现虾塘变黑发臭，应采取如下措施：①严格检查投饵管理；②加大换水量；③投放沸石粉和光合细菌；④使用水车式增氧机与潜水式增氧机促进氧化或在"黑化"区加上细土，可起到吸附硫化氢的作用；⑤用硅酸铁（炼铁炉废渣），按每平方米"黑化"区1.0~1.8千克的比例撒入池底，能迅速消除硫化氢和降解毒性。每月使用1~2次，对对虾的成活率和生长有好处。

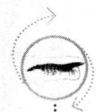

3. 观察饵料消耗情况

饵料消耗随虾个体增长而增大,但环境的突变(水温过高、水质差或盐度突变、饵料质量差)也能引起对虾摄食量的下降。投饵后 3 小时左右,虾胃肠不饱,空胃比例过大,虾群沿池边觅食,表明池内饵料不足;如果残饵数量突然增多,表示虾生活状态反常,应及时查明,采取措施。

一般说来,同一虾塘的虾大小应趋于一致。如果个体大小悬殊,出现"两极分化",其原因是投饵不足、饵料质量差所引起。

如果饵料质量高,投饵适当,则虾生长快速,个体大小均匀。在饵料质量有保证,但数量不足时,个体健壮的虾竞食力强,生长快;竞食能力差的虾生长缓慢。若投饵不足的情况继续下去,强者更强,弱者更弱,就会出现个体明显差异,导致相残现象发生。在个体大小参差不齐、相差悬殊的虾塘中,虾的产量和质量都不甚理想。

同一虾塘虾体相差达 2 厘米以上时,可采取限制性喂食措施予以补救。先少量投喂营养价值差的饲料(低值的配合饲料),让竞食能力强的大虾先食这部分饲料,然后投喂营养价值高的饵料(如高营养饲料或鲜贝),在竞食力强的大虾已处于饱食或半饱食状态下,使竞食能力差的个体能够分食到营养价值高的饵料。使用这种方法可使塘内的虾体"两极分化"现象得到缓和,从而提高虾体的质量水平。

4. 虾塘发光现象

海水中生存着大量的发光生物如夜光虫、甲藻和发光细菌等,由于它们个体微小,纳水时进入虾塘,在受到水流冲击或虾的游动刺激时便能发光。发光生物所发的光大都在人的可视范围之内,故夜间易被看到。

海洋细菌不需要化学刺激便可连续发光,但细菌性发光对虾影响不大。

夜光虫多在春、夏两季繁殖,受到刺激便可发光,夜晚可见到淡蓝色的光亮。夜光虫大量繁殖,有可能引起虾塘缺氧,造成虾窒息死亡。

甲藻类有些种类能分泌藻毒,对虾体有害。

晚间巡塘时可根据发光现象的强弱来判断虾塘中发光生物的数量。发光现象大多是出现在水温较高的夏季,在夜间可看到虾在水中游动时的发光行迹,渔民称之为"火虾"。入秋后,虾塘的发光现象便趋于减少。

如果发光生物数量大,情况比较严重。小虾塘可用硫酸铜溶液(0.7毫克/升)泼洒,这种浓度能使发光生物消失,对于虾体则无影响。

5. 观察对虾活动的状态

健康的虾体光泽光亮,鳃腔清洁,心脏跳动有力,甲壳富有弹性,鳃叶为肉白色,手握时挣扎感强,静息时头部高仰,附肢支撑有力,对周围刺激反应灵敏,难以用手捕捉到。虾体在塘内游泳时快速而平稳,具有明显的方向性,若不受惊扰,一般不跳跃。如果虾跳动频繁(非人为因素干扰),有可能是有敌害追逐或水质不好。如发现虾体大量浮动于水面吞咽空气,游泳迟钝,方向不定,遇刺激也不能起跳,表明虾塘中已严重缺氧,此时会见到大量虾浮头。浮头严重时会造成虾大批死亡。浮头多见于夏季高温,且易在下半夜到黎明前发生,严重时在白天也有出现。根据养虾者的经验,可能发生浮头的迹象有:①天气闷热,池水平静,尤其是持续几天大晴天之后,继而出现阴云无风天气,气压低;②池水过浓,透明度降至20~30厘米,水呈暗浊绿色或乳白色,变红或突然变清;③池底"苔皮"泛起,并有气泡上升;④傍晚虾塘周围突然出现大量蚊子,池边有螺类爬出水面;⑤虾群行为反常,在水的表层乱游动。

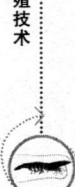

虾群浮头有轻重之别,一般可以通过下面几个现象来判断:①局部浮头为轻,全池塘性浮头为重;②黎明前发生浮头相对较轻,白天发生的浮头较重;③惊动后虾立即下沉为轻,仍浮于水面的为重;④虽浮头,但尚未发现虾尸体的为轻,池底已经出现虾尸体的为重;⑤浮头时在池边滩面上未发现倒伏的虾为轻,有倒伏的虾时则为重;⑥浮头时虾的眼睛和触角没有露出水面为轻,露出水面者为重。

造成虾浮头的直接原因是水中缺氧,但水中缺氧的原因又是多方面的:①放苗量过大、盲目投饵,造成池水过肥或水质污染而引起浮头;②饲料质量差;③增氧机排设不太合理。

一旦发现浮头,应立即采取解救措施,迅速大量更换池水,开动增氧机和利用扬水泵喷水,发现死虾应停止投饵或尽快过塘疏散密度。

六、收获

收虾日期由虾的生长、水温变化、市场需求决定。南美白对虾和斑节对虾养殖 75～120 天,每 500 克 25～30 尾时便可收获。南美白对虾、日本对虾耐低温能力强,在华南地区沿海虾塘可安全过冬。因此,收虾时间不严格,主要依据市场价格、蜕壳情况、底质水质、生产安排等因素来决定。通常是春节前后上市价格最高。遇特殊情况,如虾病爆发,长为 6～9 厘米的未到商品规格的虾也要突击抢收。

日本对虾收虾的要点与斑节对虾相仿。一次性收虾时应注意:当寒潮侵袭,气温突然降低(超过 8℃)时不能收虾,等气温回升后再收虾;水质突然变坏,要尽快提早收虾;虾生长停滞,开始出现虾病时要突击收虾。高产精养的虾塘要采取轮捕的方法,当部分虾长到商品规格时分疏起捕,分几次收获。

收获日本对虾的方法和网具,应当根据日本对虾的活动习性进行设计和使用,才能取得较好的收捕效果。因此,对于日本对虾的活动习性应当进行了解和掌握,日本对虾的活动习性有以下几个方面:①白天潜伏池底,夜间进行索饵和游动。如前所述,日本对虾白天潜伏在池底的沙泥里,一般不受惊动和刺激是不游动的。日落后出来索饵和游动,以日落后 2 小时内索饵和游动最为强烈。在午夜饱食之后又潜入沙泥里,如果没有饥饿或其他不适的感觉,一般不再进行游动。②分布均匀。日本对虾在池中的分布较为均匀。日落以后,它们散布在全池滩面上进行摄食。在游动时,大多是单个体或小群体分散进行的,而不喜欢作大群体的群游。③沿边游动。日本对虾有沿边游动的习性。它们会顺着池边或人为设置的墙网、栅网边等进行游动。④趋向较弱流水。日本对虾进行游动时,有趋向较弱流水的习性。当虾池进水时,对虾变得活跃。在缓慢的水流中,对虾会顶流而游,并常在闸门附近集中。在较强的水流中则顺流而行。

由于日本对虾具有上述特性,其收获方法与其他虾类有所不同。

1. 捕虾网具多采用定置网

定置网是利用日本对虾夜间沿池边直游的习性,设置在池边滩面上诱导池虾自行游入网内,达到捕捞目的的捕虾网具,其中使用最多的是装置有左右翼网的有翼桩张网。用3~4纱的聚乙烯网线编织而成,网目宽一般为1厘米。两边翼网各长1.5米,网身长5.0米,网身每隔0.3米扎上一个用8号铁丝做成的环形圈。在第二个和第四个环形圈内侧,顺着网身装置有长为40厘米、束口为15厘米×15厘米的漏斗网,使虾易进不易出。

2. 适当停止投放饲料

一般情况下,日本对虾在饱食之后便潜进沙里,这对捕捞增加了困难。因此,在收获前,适当停止投喂饲料对捕捞和保持产品质量都有利。

3. 处于蜕壳状态的对虾不宜捕捞

应对池虾的蜕壳情况加强观测。如果蜕壳虾过多,应暂缓收获,待虾壳硬化后再进行收获。

4. 收获时可适当使用电网

电网在结构上与泵网相似,有金属架和拖网。在架的底部喷管的位置上,以20厘米间隔吊着几个黄铜棒(长为12厘米,粗为12厘米)。这些铜棒是交替安装的。接线是防水线。电池、电压计、电流计及开关板装在小船上。操作时,电池的电流通到渔具的电极上,使渔具触及池底而激起沙中的虾,使其落入拖网中。

用电网收虾,会因电击而造成部分虾死伤。因此,这种方法只能在没有其他更好的收虾方法时使用,一般不提倡应用。

5. 收获时结合适量的毒塘

收获时结合采用湿法毒塘,采用茶麸等。茶麸的浓度是30毫

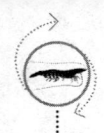

克/升，水深为10厘米，每亩用量为2千克左右，捕虾效果较好。

七、日本对虾养殖与 HACCP 的管理体系

2000年初，欧盟对我国鳗鱼和虾类产品的抗生素残留超标等问题，发出预警通报。使我国水产品出口企业受到严重打击，也是我国加入WTO后水产业受到的最严重的打击。

为此，必须加强从"池塘到餐桌"全过程的食品安全管理。水产养殖要建立无公害健康养殖的管理体系，采用HACCP原则作为水产品质量的保证体系。HACCP的含义是危害分析与关键控制点。HACCP管理体系要求，在许多环节上采取有力措施，确定控制临界点，防止有害因子的影响，每一步骤都实行严格管理，以保证产品的安全和稳定性。随着人们对食品安全问题越来越关心，不断向水产品生产、加工企业提出要求，为确保食品安全，健康养殖势在必行。

1. 无公害健康养殖与 HACCP 管理体系

无公害健康养殖系列工程与HACCP管理体系是一致的，是确保食品安全的预防体系，但不是一个独立存在的体系，而是一个"从水产种苗到餐桌"的更大的控制程序体系的一部分。在水产品加工企业中，HACCP必须建立在食品安全项目，例如"良好操作规范（GMP）"和可接受的卫生标准操作程序（SSOP）的基础上才能运行。相对于水产养殖生产而言，GMP即是一种具体的鱼虾商品养殖的质量保证体系，其要求养殖场在种苗培育孵化、养殖生产、捕获运输等的有关人员配置、建筑设施和产品质量管理都要符合良好的水产养殖规范（Good Aquaculture Practice，GAP），以达到防止养殖产品在不卫生或可能引起污染的环境下生产，减少生产事故的发生，确保养殖产品安全卫生和品质稳定，而且在水产养殖生产中使用的水产养殖系统工程能满足GAP要求的水产养殖技术操作程序（Aquaculture Technique Operating Procedure，ATOP）。

HACCP体系运行的基础条件最少应包括如下方面。

（1）技术环节　无公害水产养殖技术规范或良好水产健康养殖操作规范规定了养殖食用水产品过程中的生产环境要求，养殖

设施，种苗质量，水产品引进准则，饲料、肥料、渔药的使用准则，养殖技术规范，水产品运输及暂养，水产品质量验收等技术环节。

（2）采用标准　①《渔业水质标准》（GB 11607—1989）；②《无公害食品　渔用药物使用准则》（NY 5071—2002）；③《无公害食品　渔用配合饲料安全限量》（NY 5072—2002）；④《无公害食品　海水养殖用水水质》（NY 5052—2001）；⑤《无公害食品　水产品中有毒有害物质限量》（NY 5073—2006）。

（3）水产养殖生产流程　①种苗。每批种苗进场后，由接收员验收。检查种苗供应商所提供的种苗质量合格证书。②水源。水源水质应符合《无公害食品　海水养殖用水水质》（NY 5052—2001）的相关要求。③肥料。允许使用的有机肥料有：堆肥、沤肥、发酵肥等；允许使用的无机肥料有：尿素、硫酸铵、磷酸氢铵、氯化钙、重过磷酸钙、过磷酸钙、磷酸二铵、磷酸一铵、石灰、碳酸钙和一些有机无机复合肥料。肥料施用方法及数量控制参照 SC/T 1016.5 执行。④渔药的使用。应严格按照国家农业部有关规定、严禁使用未取得生产许可证、批准文号、产品执行标准号的渔药。禁止使用无"三证"渔药，高毒性、高残留渔药，具有致癌、致畸、致突变作用的渔药。主要禁用药物和限制使用药物品种应符合《无公害食品　渔用药物使用准则》（NY 5071—2002）和《无公害食品　水产品中渔药残留限量》（NY 5070—2002）的规定。⑤饲料及其添加剂。使用的饲料质量符合国家规定，添加剂的添加量应符合行业或地方标准规定的值或标准中推荐的值。选用抗生素及其他药物作为饲料添加剂，其原药质量应符合国际要求，不得选用国家规定禁止使用的药物。⑥活体运输及暂养。运输及暂养水质应符合《渔业水质标准》，运输用的载体材料应无毒无害，运输过程严禁使用麻醉药物，暂养所用的场地、设备均具备卫生、无污染等条件。

2. 无公害健康养殖中的危害分析

（1）与种苗有关的潜在危害　种苗体内不含致病菌（不带菌），即使受到其他微生物污染，也会在养殖过程中通过 GAP 和

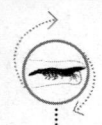

ATOP 及水体净化的作用得到控制。

（2）与环境中化学污染物有关的潜在危害　如果养殖水体受到工业废水和生活污水的污染，通过食物链和生物富营养化，会对人体健康构成严重危害，化学性危害主要是重金属（汞、镉、铅、铬等）、氰化物、氟化物、有机农药、多氯联苯、苯酚等对环境的化学性危害，可以通过 GAP 和 ATOP 控制。按照 GAP 的要求选择养殖场的场地和水源，实地考察渔场及周围土地和水源中的化学污染物的含量水平，养殖场周边的农业、工业使用土地情况，每年测试土壤及水样中化学污染物含量水平是否超出 GAP 或《农产品安全质量　无公害水产品产地环境要求》（GB/T 18407.4—2001），是否达到《农产品安全质量　无公害水产品安全要求》（GB 18406.4—2001）。

（3）与饲料及其添加剂有关的危害　养殖期间使用不合格的饲料、饲料添加剂和化学物质，若超出安全水平、残留在对虾体内的有害物质会随人们食用而进入人体、使人体健康受到危害。

（4）与肥料有关的危害　如果虾塘施用未发酵的粪肥，会导致鱼虾受到致病菌、寄生虫卵等污染，若人们生食或吃未经充分煮熟的虾类食品，会给人体造成潜在的危害。由肥料产生的危害可通过 GAP 和 ATOP 控制（如遵守肥料施用方法和数量控制，参照 SC/T 1016.5 执行）。

（5）与渔药有关的危害　在养殖期间不当或非法使用药物，过量的药物残留在鱼虾体内，当人们食用残留超标的鱼虾食品，会使人体产生过敏，甚至导致癌症的发生，严重危害人体健康。

（6）与运输有关的危害　养殖的水产品在捕捞和运输时，主要受到来自微生物、化学物质方面的污染，可用 SSOP 程序控制。

3. 关键控制点（CCP）的确定和关键限值的设置

根据危害分析和 CCP 判断原理或水产品危害控制措施的信息来源及欧盟、美国、日本等国家的最新信息来源，确定水产养殖过程中的 CCP 和关键限值如下。

（1）饲料的投喂　应严格控制不得使用不合格的饲料和滥用药物、饲料添加剂，导致鱼虾体的残留药物和有害物质超出安全指标。设置关键限值,符合《饲料卫生标准》(GB 13078—2001)、《无公害食品 水产品中有毒有害物质限量》(NY 5073—2006)、饲料生产商的产品合格证。

(2) 渔药的使用 设置关键限值符合《无公害食品 水产品中渔药残留限量》(NY 5070—2002),《无公害食品 渔用药物使用准则》(NY 5071—2002),渔药质量合格证,产品说明书。

4. 关键控制点(CCP)的监控程序

关键控制点的监控程序如表3-1所示。

表3-1 关键控制点的监控程序

(1)	(2)	(3)	(4)	(5)	(6)	(7)	(8)	(9)	(10)
关键控制点(CCP)	显著危害	关键限值	监控				纠偏行动	记录	验证
			对象	方法	频率	人员			
饲料接受	使用不合格的饲料会使鱼虾体内的残留物超出安全水平	必须要有符合规定的饲料厂产品合格证、质量保证书	产品合格证、质量保证书	观察	每一批次	质量控制人员	拒收	饲料接受记录	复查每日记录
渔药使用	使用不当和非法使用致使鱼虾体内残留物超出安全水平	按药物说明使用,按规定剂量使用;依照良好操作规程使用;药品适合在养殖产品中使用	药物残留量休药期限	观察、化学分析法检测	每次起捕前和每次药物使用时	质量控制人员	缓捕、延长休药期	药品使用记录,药品使用证书,残留药物测试记录	复查每次药品使用记录、证书,药物残留限量测试

5. HACCP体系在无公害养殖中的应用

(1) 对无公害健康养殖必须有充分的认识 目前我国对虾养殖技术标准化尚不足,广东省正在加强南美白对虾健康养殖技术标准化,如何在无公害健康养殖中以HACCP体系管理的应用基础

为准则与国际接轨,尤为必要和迫切,是大势所趋。

(2)加强对水产养殖业者的食品安全知识的培训与教育　引导他们从无公害健康养殖做起,养殖生产安全水产品。

特别要强调,无公害健康养殖系统是由整个养殖的系列工程和生产与管理各环节构成的。除了种苗,更为重要的就是养殖环境管理和营养及病害的防治管理。若单纯强调SPF虾的培育,而忽视了以上各环节综合管理,同样会导致病原的入侵及病害的流行和爆发。因此,高健康无公害健康养殖要密切与HACCP管理体系相结合,才是完善的、控制病害的系统,才是生产安全食品的保证。

第二节　日本对虾养成的关键措施

日本对虾的养殖技术要求比较高,比较细,各个生产环节紧紧衔接,一环脱节,往往会贻误工作全局。整个养殖过程必须抓好关键的技术措施,千万不能马虎。整个养殖周期应抓好四个重要环节。

1. 虾塘整治关

日本对虾由于具潜沙特性,在养殖条件较好的薄膜池养殖时,效果不是很好。多数养殖者还是利用土池进行日本对虾养殖。因此,虾塘的整治关显得格外重要,主要的工作是要抓好堤坝修理,堵塞漏洞,挖深环池沟,彻底清淤,晒塘不少于1个月,同时每亩要撒生石灰100千克。这一环节很容易被忽视,因而造成养殖失败。

2. 投苗保留关

主要做好严格选购优质的虾苗,虾苗规格要求达到0.9~1.2厘米,虾苗经检验不带病毒,并根据实际情况确定科学放养密度,放养密度取决于养殖模式和水深。

投苗必须做到"虾苗不健壮、数量不足时不投;未培养基础饵料时不投;气候不宜、水质不符时不投"。投苗后必须注意保留查苗。

3. 把好水质关

抓好水质管理和饵料投放是整个养殖过程的重要环节。水质管理要贯穿整个养殖过程；养殖用水要严格地过滤、消毒。用好增氧设备，做好水质调控的每项工作。

4. 应用好微生态制剂

以芽孢杆菌为主的复合菌株微生物制剂是由各种有益共生菌株组成，需氧和厌氧共存，能分泌很强的酶类，迅速降解虾塘淤泥中的有机物，使其矿化，给单胞藻类的繁殖生长提供营养，而单细胞藻类的良好生长可吸收其中有害物质，使其溶氧含量提高，亚硝酸盐、氨氮、硫化物的含量降低，有机物和有机氮得到分解和吸收，有效地促进对虾的健康生长。这些有益微生物在池塘中形成优势种群，还能抑制病原微生物的滋生。

第三节 日本养殖日本对虾概况

日本是世界上养殖日本对虾的主要国家，也是世界上最早养殖日本对虾的国家。

一、日本养殖对虾的方式与虾塘结构

日本养殖对虾的方式与虾塘的建造模式大致可分为四种类型。

1. 濑户型

最初是由日本已故的藤永元作博士开创的，也是早期建立的养殖方式，养殖池主要分布在日本濑户内海沿岸潮间带区域。虾池建造是利用废弃盐田或海滩，因地制宜，用推土机推平池底，用混凝土、石块或泥土筑堤而成。池的面积为0.1~10.0公顷，以3公顷的池子最为普遍。池深为0.6~1.8米。池底略向闸门倾斜，底质为沙或铺上10厘米厚的沙层。池水依靠海水的涨落，通过闸门进行交换。其优点是投资少，管理方便，但产量较低，通常每公顷只生产1吨左右的对虾（每亩产量为67千克左右）。

2. 九州天草型

由于建在日本天草地区而得名,虾池建造于潮间带下区。虾池的堤分上、下两部分,下部是用混凝土灌制,高度为 0.5~1.0 米的基堤,上部是安插在基堤上的栅栏网。栅栏网由金属丝制成,网孔大小约为 2 毫米,海水随潮汐的涨落通过网孔进出,与池水进行自由交换,敌害等不能入侵。池的面积一般为 0.5~1.0 公顷,也有大至 3.0 公顷的。池深为 2~4 米。换水量较大,日换水量可达 90%。每公顷产量可达 3 吨左右(每亩产量约为 200 千克)。

濑户型和九州天草型虾池,通常都在大池中用网隔出一部分作为中间培育池,将虾苗放进其中进行 50 天左右的中间培育后,再打开栅栏网放进大池,此后小池与大池相通,同时作为养成池,濑户型虾池布局如图 3-1 所示。

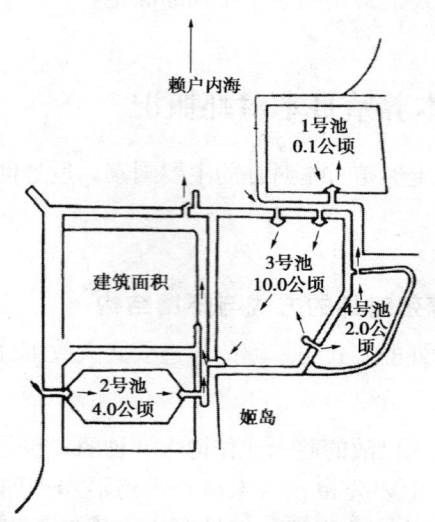

图 3-1 濑户内海姬岛养虾场的池塘、水渠、闸门布局

3. 鹿儿岛型

该养殖池型是 1970 年由日本茂野邦彦博士主持试验成功的,为高密度养殖池型,因主要分布在日本鹿儿岛而得名。虾池建造在沿海陆地上,是用混凝土建筑而成的圆形水池(图 3-2)。

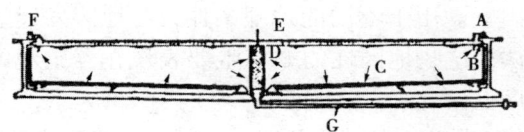

A. 喷水管阀门；B. 充气气泡管；C. 沙床；
D. 圆筒筛网；E. 喷水管；F. 供水阀门；G. 排水管

图3-2　圆形池横断面

水池面积为1 000~2 000平方米，水深为1.5~2.0米，池底铺约10厘米的沙层，并在沙层下设置塑料排水管道。在沙层与排水管之间隔一层过滤网片。在池面上架一条进水管道，利用水泵提取海水，通过管上的许多小孔喷水入池，从而形成了池水环流。池中央设有中心排水系统。

通过池水转圈流动，将残饵粪便、虾壳、碎屑等运至池中央，与池水一起通过筛网流入排水管排出池外。池水在24小时内可完全交换。换水量大的每天可换3~6次。这种虾池由于池深和水质新鲜，可以进行高密度养殖，每公顷产量可达10~15吨（折合亩产量为660~1 000千克）。

但是这种养殖模式虾池投资较大，对设备要求较高，能源消耗大，管理方法较严格，相当于高投入高效益的高位池养殖模式。

4. 奄美和冲绳型

该海区位于远离日本对虾自然渔场的南部边缘。夏季水温为33~34℃，冬季平均水温为18℃。盐度为37~38，略高于日本对虾的适盐范围。日本对虾试养约始于1970年，而大规模养殖则始于1978—1979年。由于这里气候暖和，可以常年养殖。但也有一些不利的因素，诸如当地海区难捕到产卵亲虾，鲜活饵料鱼缺乏，远离东京和大阪等主要活虾市场。近年来由于采用大型喷气运输机，空运问题得到了解决。由于掀起了私人业者投资于基础设施养殖对虾的高潮，一些渔业合作社也已开始将县和国家财务补助金投资于日本对虾养殖。

日本对虾养殖可分为四个阶段：苗种生产、中间培育、养成和运销。其中，养成池的生产力以及养殖方式是影响整个生产的两

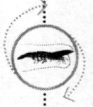

个最重要的因素。由于不同的地理条件，各地区发展了自己的独特的养殖方法。这些地区性的差异主要表现在养殖池的结构和养殖过程的程序上。

从日本养殖日本对虾建造的四种不同类型养殖池可以看到，现在我国南方对虾养殖的许多模式基本上与鹿儿岛型有些类似，例如我国广东省雷州市曹耐设计的循环生态养殖模式。

二、日本养殖对虾的技术

1. 苗种生产

日本对虾苗种生产通常采用自然生长的怀卵亲虾。从市场挑选怀卵雌虾，检查雌虾卵巢饱满度后即可排卵。

产卵池为水泥池，池内注满用沙或木炭过滤的清洁水，并充气。100立方米水池放养亲虾20~50尾，最适水温为26~28℃。若水温太低，亲虾不会产卵，必须加温。若亲虾充分成熟，入池后第一夜即会产卵，若第一夜不产卵，第二夜便会产卵。因此，亲虾留在池内一天一夜或两天两夜后便可移走。若产卵持续两天以上，幼体就会有不同大小，难以控制同一池内幼体的生长。

过去，亲虾在产卵后从水中移走，卵子就在原池孵化、培育。但近些年来，生产者大都采用将受精卵移至另外水池的方法，以防止感染亲虾可能携带的病害。

育苗池首先用高压水泵彻底冲洗以清除附着生物，彻底干燥后，另注入过滤海水。亲虾产卵后约12~13小时，受精卵开始孵化。育苗池的理想水质条件是水温为26~28℃，盐度为33~35，pH值为7~8。冷天用锅炉加热海水，热天用遮阳帘覆盖在池上，防止水温升高。刚孵化的幼体要经过无节幼体、溞状幼体、糠虾幼体和后期幼体四个阶段。无节幼体阶段无须投饵，进入溞状幼体阶段，开始主动摄食。随着幼体的成长，不同生长阶段投喂不同的饲料：开始为浮游植物、小型浮游动物（如褶皱臂尾轮虫 *Brachionus plicatilis*），接着投饲中型浮游动物（卤虫）、小虾和配合饲料。后期幼体初期为自由游泳生物，但进入后期幼体后期则开始具有潜伏沙中的习性。因此，当达到后期幼体30~35天时，必须从池中移至具有沙质底的养殖池内。虽然育苗池的虾苗数目因池的大小而异,但一般在出池前最后阶段每立方米水体幼体个数应保持在2万尾。根据该数据并按成活率为60%,即可计算出最初的放卵数量。在最适条件下,从无节幼体到后期幼体30天的成活率高达80%~90%,通常为50%~60%。

2. 中间培育

将培育池中培育的后期幼体移至中间培育池经过30~50天的饲养,体长可达到4厘米,体重为0.5~1.0克,然后放到养成池内。中间培育池通常用一个单独的小池,但有时也在养成池内简单隔出一小部分作为中间培育池。

在中间培育中,每平方米放养仔虾70~80尾,若采用高密度培育,每平方米放养130~150尾,此阶段采用全价配合饲料。

中间培育有两个目的:①防止被敌害捕食。仔虾在有限的小范围内饲养与观察,可以防止被鱼类捕食,而且该阶段可使仔虾在放入养成池饲养之前得到充分的防御能力。②控制虾苗密度。放入养成池前,可以对仔虾进行仔细计数。这是养殖过程中必要的步骤,可以控制养殖密度,有助于确定投饵量。

3. 养殖方式

日本对虾养殖的养成池结构有三种基本类型。

(1) 半堤式 九州天草地区,潮差很大,堤筑于潮间带,堤高介于高潮水位与低潮水位之间,堤上设网栅。

(2) 全堤式 在濑户地区、奄美和冲绳地区、九州天草地区,筑堤围塘于海上或毗邻大海的陆上,设一水闸。

(3) 双层底圆池式 在鹿儿岛地区,于近岸处筑陆上圆池,利用管道系统和水泵供、排水。池底为双层结构,下层为岩石底,上层铺设泄水孔板、网和沙等。利用供水管道使池中水循环。水流把虾壳、剩余饲料和排泄物集中于池中央,通过中心排水沟排出。池的面积为1 000平方米,水深为2米。

三种基本类型各有特色,反映了各地区的自然生活方式或天然生产力。三者在水体交换方法和硅藻的利用上有明显差异(表3-2)。

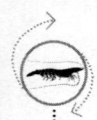

表3-2 养成池生产方法的比较

类型	池中水体的交换	硅藻的生长	池的清洗
半堤式	通过涨潮与退潮使堤上水溢流而达到水体交换，每天约有1/3的水体被交换。缺点是小潮时缺少水体交换	自然生长	收获后，降低池中水位，放入新沙
全堤式	主要通过开启和关闭水闸门达到水体交换。水池中还备有水泵用于水的交换	观察水色，控制硅藻生长。水中供氧为主要目标	收获后，全部排干池水，干晒数日，达到清洁消毒，重新换上池底沙
双层底圆池式	每天用水泵强排，使水体交换达到100%~300%	池内不长硅藻	同"全堤式"

硅藻的生长对对虾养殖的影响包括：①通过光合作用增加水中溶氧量；②硅藻生长形成褐色水质降低了阳光入射水池，进而妨碍了绿藻的生长；③硅藻供给小型浮游动物以营养，反过来又成为仔虾的饵料。

然而，与半堤式相比，全堤式养殖的海水受人为控制日益增加，而硅藻作为营养物质的作用则日益降低。在双层底圆池式养殖中，海水交换彻底，不再受硅藻的任何影响。加强人工控制养成池环境的目的无非是提高生产力。具体方法如下：①增加养成池内虾苗放养数量；②用配合饲料代替天然饵料；③加强池水控制，以维持生态平衡；④增加养成池水面的收获。但是，随着养殖密度的增加，池中生态系统的压力增大，为了防止捕食和病害等问题，有必要每季度彻底清理池子，改进沙质。要达此目标，半堤式是不合适的。三种养成池的放养密度、生产力、生产成本比较见表3-3。

表3-3 养殖密度、生产力和养殖成本的比较

养成池类型	放养密度/(尾·米$^{-2}$)	生产力/(千克·米$^{-2}$)	生产成本/(日元·千克$^{-1}$)
半堤式	20~50	0.4~0.5	5 000
全堤式	40~60	0.6~1.0	5 500
双层底圆池式	70~80	1.5~2.0	6 500

4. 养成

在自然界里，日本对虾在盐度约为32的沙质、泥底的海滩和内湾中度过早期生活直到性成熟前，适宜的水温范围为10～30℃，水温愈高，生长愈快。养殖技术的重点在于放养密度、养成池的清理、水质管理、饲料类型和疾病防治。

(1) **放养密度** 虾苗放养密度是养殖生产的决定性因素。虾苗的数量应根据池塘生产力确定，养殖技术的目标是在池塘生产力的限度内保持对虾在每个生活周期有最高的种群。为达此目标，必须采取稀疏或分养的技术。虾苗在从中间培育池转移到养成池时的体重为0.5～1.0克。就堤式池而言，标准放养密度为20～30尾/米^2，倘若养成池的水温适宜，放养后2个月，虾的大小应达到10～12克的最小销售规格，此时可开始第一次稀疏，运往市场。池塘中放养密度减小使存塘对虾的生长速度相应增快。这种稀疏过程可以增加池塘水面的单位生产力。在日本，全堤式和半堤式日本对虾养殖，旨在保持池塘水面的生产力达到300克/米^2。陆上双层底圆池式设施中，虾苗不经过中间培育阶段，直接放养后期幼体，放养密度为150尾/米^2。然后采用稀疏或分养技术，使各生长周期保持在合理的放养密度。

除稀疏分养技术外，在暖和地区，终年可进行对虾养殖，有些地区采用"双季养虾"的方法。不管采用什么方法，重要的是定期采样以监测池内虾的大小和密度。

(2) **养成池的清理** 收获完成后，养成池应彻底排干，日晒底部以清除潜在的有害生物，同时还应清除污泥，撒上石灰或其他物质清池。凡底部沙肮脏的地方，应换上清洁的沙子。而且在养殖过程中，最好每天潜水检查底部以及残饵的堆积情况。如发现淤泥堆积，必须用泵清除。

(3) **水质管理** 如池水过浅，夏季底部水温会升得很高。因此，池内水位应保持约2米。水质管理的重要因子是水温、pH值和溶氧。通常，水体交换应根据水色和透明度进行，而且为了防止近底部缺氧，使用鼓风机或水车使底部进行水循环。

(4) **饲料** 过去，日本对虾养殖用的饲料包括小虾、双壳贝

类和其他小鱼。但随着大规模养殖生产的发展,要稳定地获得大量这种活饵日益困难。特别是在精养生产中,活饵的使用会引起诸如水质污染、底质恶化等问题。因此,近些年来,所有养殖生产区均已转向大量使用配合饲料。

虾苗放养1个月内,日投饵2~3次,此后日本对虾白天摄食减少,因此,每日可只投饵一次,一般放在黄昏时分。由于日本对虾几乎不成群移动,投饵时最好尽可能撒遍整个池塘。

(5)病害防治 就目前所知,日本对虾可能会染上的病害至少有30种。弧菌(*Vibrio*)、镰刀菌(*Fusarium*)和微孢子虫(microsporidians)等引起日本对虾病害时有发生。对有些病害,有时可在饲料中加入药物,但应尽量避免使用药物,因为药物的使用潜伏着产生抗药细菌的可能性。总之,防治病害的最佳方法是保持合理的放养密度以及控制底质和水质。

5. 运输上市

日本对虾是一种耐干性种类,离水后可生存高达10小时。日本养殖的日本对虾均空运至东京和大阪中心市场以活虾出售,价格昂贵。在运输过程中死亡的对虾则卖不到活虾价格的一半。

因为活虾不能保存于市场,且需求集中在新年前后和4月份,因此市场价格的季节波动性甚大。进口的冷冻对虾市场价格通常为1 700~1 800日元/千克,活的日本对虾则常年售价为5 000~8 000日元/千克。因此,活的日本对虾和冷冻对虾两者的价格不可相提并论。

日本对虾养殖的另一独有的特征是每个产区有其自己特定装运上市季节,用刺网和小型拖网捕捞日本对虾的季节向来是在水温较高的夏、秋季节,而濑户内海和天草地区的日本对虾养殖户在秋季开始把稀疏出的对虾应市,并在年底前后需求达高峰时把大量重为30~50克的对虾装运上市。因为冬季对虾停止生长,特别是在冷天对虾因衰弱易死亡,因此,冬季继续留养对虾于养殖池已无利可图。然而在鹿儿岛、奄美、冲绳等暖水区,可以继续投喂和饲养。因此,这些地区一般安排从12月份至翌年4—5月份装运对虾上市。特别是在3—4月份,濑户内海和天草地区养殖业既没有装运对虾上市，也没有自然捕捞对虾上市，这时把日本对虾装运上市就能获得很高的价格。

第四节 我国内地养殖日本对虾概况

我国内地在 20 世纪 80 年代才开始进行日本对虾人工育苗的研究，大规模生产则始于 1989 年。在这之前，日本对虾的养殖主要靠捕捞天然虾苗，1989 年才开始进行日本对虾人工育苗，先后在厦门水产学院（现集美大学水产学院）胡晴波教授、福建省水产研究所陈木教授、中国水产科学研究院南海水产研究所汕尾试验站翁雄站长等专家育苗成功之后，经过几年的发展与提高，现已具备年产日本对虾苗十几亿尾的能力，促进了我国南方沿海各省、自治区（如广东、广西、浙江、福建）的日本对虾养殖。

最近几年，我国南方沿海和北方部分地区利用改造的旧虾塘和一些新开发的虾塘，进行试养日本对虾，都取得了一些可喜的成绩。南方沿海的日本对虾养虾池大都是以土池为主，虾场大多是潮间带建造连片的土池，如广东省汕尾市的红草虾场的虾池连片 2 000 多亩，每个池面积为 10～20 亩，池底沙泥或泥沙质。滩面深为 1.0～1.2 米，略向排水闸门倾斜。虾池两端设有宽为 1 米的进、排水闸各一座，每个池配备 10～14 英寸①的抽水机 1～2 部，主要依靠潮汐进行排灌，在小潮期间和必要时采用抽水机提水。虾池外围筑有防浪大堤坝，坝上建有进水大闸和排水大闸；围内设有进水渠道和排水渠道，分别与各个虾池的进水闸相通。海水经进水大闸→进水渠道→虾池进水闸→进入虾池，又经虾池排水闸→排水渠道→排水大闸→排出场外，形成排、灌分开的进、排水系统（图 3-3）。这种虾池投资少，生产成本低，经济效益较好，利于养殖业的发展。

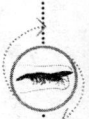

日本对虾在我国南方沿海一般是作为秋季和冬季海水养殖的品种，养殖的虾塘大部分都在当年已养过 1～2 造其他虾类，养殖后

---

①英寸为我国非法定计量单位，1 英寸 ≈2.54 厘米，以下同。

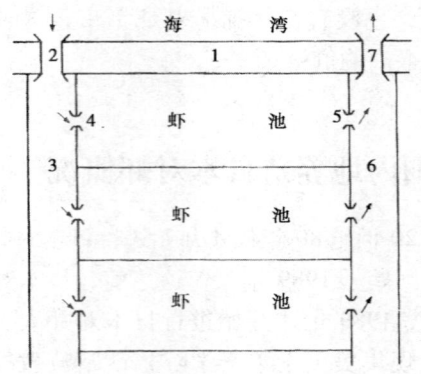

图 3-3 红草虾场进、排水系统示意

1. 大堤坝；2. 进水大闸；3. 进水渠道；4. 虾池进水闸；
5. 虾池排水闸；6. 排水渠道；7. 排水大闸

再清塘，匆匆忙忙就放养日本对虾，未经清塘就急于放苗的也有，这样的虾塘底质环境较差，容易因虾塘的老化以及清塘不彻底导致含病毒的底质诱使日本对虾发病，许多的虾塘放苗不到1个月就发病，最终养殖失败。在国内比较先进的养殖模式是双层底养殖模式，该模式已在海南省万宁县海丰公司进行生产性养殖。双层底养殖模式由一层水泥底和上面一层沙底组成，两者之间由微孔砖体分隔，其微孔内有多种微生物寄生，以处理净化水质；利用微孔处理，使水池有益微生物达到生态平衡，抑制病毒的繁殖；虾池呈圆形，池上有喷水管，可从下面抽水，经喷管注入池中，使整个水体循环。由于日本对虾不耐高温，海南省养殖的池水都为2.5米左右，在养殖日本对虾时采用分批投苗与间捕的方法，即前3个月内，每月放苗一批，从第4个月开始间捕，每亩产量可达750千克，规格为18～30克/只，取得了显著的经济效益。近几年随着健康养殖技术的不断创新，在海南省已打破旧的养殖观念，现全年均可养殖日本对虾，但要根据各养殖场的设备和技术水平，因地制宜，根据实际情况进行布局，进行无公害健康养殖，以促进日本对虾养殖的持续发展。

现把国内有关日本对虾养殖的技术方法介绍如下，供读者参考。

一、广东省汕尾市养殖日本对虾试验

广东省汕尾市城区红草镇养虾场的 781 亩虾池于 1990 年 10 月进行日本对虾养殖试验,取得了较好的效果。现把试验情况介绍如下。

1. 养殖条件

(1) 虾池　试养面积为 781 亩,每个虾池面积为 15～20 亩,池底为泥沙质,水深为 1 米,池的两端设有宽为 1 米的进、排水闸一个,放苗前 1 个月放干池水,进行清塘除害:彻底清理池底残饵、淤泥等杂物;加固池堤,堵塞漏洞,进行曝晒;放苗前 15 天每亩施生石灰 70 千克,漂白粉 5 千克,进行消毒。

(2) 水质调控　海水相对密度为 1.010～1.024,pH 值为 7.5～8.3。虾池浮游生物丰富,没有工、农业污染。放苗前 10 天左右,虾池进水 80 厘米,每亩施尿素 1.0 千克、磷肥 0.1 千克,培育基础饵料,使池水呈茶褐色,透明度为 40 厘米左右,以后视各池水的肥度酌量施用。

(3) 排灌条件　所在养虾场的进、排水分开,符合养虾池排、灌要求,确保水质稳定,每个虾池配备 10～12 英寸抽水机 1～2 部。

(4) 其他配套设施　每个养虾池有管养棚 1 间,小船 1 艘以及其他网具等和饵料观察台。

2. 养殖方法

(1) 放苗　虾苗从 10 月 5 日至 11 月 6 日分四批放完,平均每亩放苗 2 万尾。虾苗体长为 0.8～1.0 厘米,健壮活泼,体表呈灰褐色,放苗时,虾池水深 0.8 米,水温为 25～27℃,海水相对密度为 1.010～1.013,pH 值为 7.8～8.2,均与育苗池情况相接近,透明度为 30～45 厘米,呈茶褐色,放苗后 15 天把池水逐渐提高到正常水位。

(2) 投饵　饵料采用海丰水产颗粒饵料厂研制的配合饵料。所用饵料除 45 亩池在养殖中期投喂含蛋白质 40% 的以外,其余均

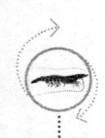

含蛋白质50%以上。养殖期间添加一些鲜活饵料以增加对虾的营养,有小杂鱼、虾姑鱼和小贝类等,进行认真消毒处理后再投喂。

投饵一律在夜间进行,一般在18:00—19:00,投饵量为全天的50%,23:00投20%,03:00—04:00投30%,视对虾摄食情况做调整。

(3) **养殖管理** 养殖前期以添水为主,即每天加水3~5厘米,中、后期每天换水30%左右,使池水保持相对的肥度,一般在蜕壳前2~3天施用25毫克/升的生石灰,20毫克/升的茶麸,以清除有害的病菌和鱼类等敌害生物,同时又促进对虾蜕壳整齐。具体情况要具体掌握。

(4) **日常巡塘观察** 每天06:00和16:00定时测定池水的温度、相对密度、pH值、透明度、水色并做好记录,同时注意观察对虾活动、摄食、蜕壳及水质适应情况。特别在天气闷热、气温突变、阴雨天和黎明之前,更要注意加强巡池检查,发现问题要及时采取措施。

3. 结果与讨论

从1991年2月上旬开始收虾至3月下旬收完,养殖周期为125天,对虾总产量达59 356千克,平均亩产为76千克,最高亩产达125千克。平均体长为10.2厘米,成活率为45%,饵料系数为2.5。由养殖过程及结果取得如下几点体会。

①日本对虾可在华南地区秋季放苗,冬、春季节收获,从而有效地调节各季节对虾的生产和上市。在南方具有得天独厚的气候,每年可养殖对虾2~3造,有利于提高养虾的经济效益。

②试验表明,日本对虾在水温为18~27℃时生长较快,13℃以下摄食量减少,9℃以下不摄食,水温骤降(日温差超过8℃时)不摄食。因此,放苗时间最好选择在气温较温和且稳定的月份,汕尾地区以10月份为宜。在寒流到来之前,使日本对虾有一个较适合的前期生长期。由于冬、春季节气温较低,对虾生长较慢,虾苗不宜放太密,汕尾地区普通虾池水深只有1.0~1.5米,每亩以放养1.5万尾左右为宜。

③日本对虾有很强的潜沙习性,昼伏夜出,因此,投饵宜在夜

间进行,以19:00左右摄食最旺。日本对虾不作索饵洄游,而是散布在全池滩面上摄食,故投饲应全池均匀撒投。日本对虾对饲料的蛋白质要求较高,试验证明在相同的养殖条件下,投喂蛋白质含量50%以上的颗粒饲料要比蛋白质含量在40%以下的长得快。

④试验表明,水质肥沃,底栖生物和浮游生物较多的虾池,日本对虾生长较好。因此要掌握好换水量,既要通过换水调节水质,又要保持水质稳定,养殖前期以添水为主,中、后期换水量分别以20%和30%为宜。

⑤适时适量施放生石灰和茶麸,对消除池水有害物质和敌害生物、促使日本对虾蜕壳有重要作用。本试验所有虾池,都在日本对虾蜕壳前2~3天施放25毫克/升的生石灰和20毫克/升的茶麸。结果对虾都在施用后2~3天内蜕壳整齐,而且中、后期池水透明度只有30~40厘米,极少有发生病害。

二、河北省丰南县池养养殖日本对虾试验

河北省丰南县水产局马云聪、孟繁平于1992年5月20日至10月20日在丰南县涧河村养殖日本对虾获得了成功,现将他们的试验情况总结如下。

1. 试验材料和方法

(1) 基础设施 ①养成池:为150米×40米的长方形,南北朝向,水深为1.6~1.8米。虾池进水前排干池内积水,彻底清洗消毒,曝晒后使用推土机将池底压实,然后铺沙。铺沙量在养殖池四周10~15米处,厚为15厘米,池内剩余部分厚为5~10厘米。虾池坡面铺砖护坡,避免雨季泥水冲入。

②二级沉淀池:为使水质清新,增设二级沉淀池,为80米×40米的长方形,南北朝向,水深为0.5~1.0米。

③进、排水系统:进、排水闸各一个,1米×2米(宽×高),分别位于养殖池南、北正中间。二级沉淀池与养殖除自然进水外,分别增设2个6英寸潜水泵纳水供中、后期保持一定水位和提换水能力。

(2) 实验材料 ①虾苗来源:来自一家我国台湾省的股份有限公司的育苗室。

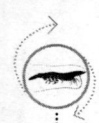

②放苗数量和规格：5月20日从育苗室运输苗种44.0万尾放于养殖池，平均每亩放苗4.8万尾。虾苗规格为0.6~0.7厘米，虾苗计数使用容量计数法。虾池面积为9亩。

③饵料品种：鲜活饵料卤虫和人工配合饲料。

（3）养成管理　①虾苗暂养：在养虾池北侧用40目筛绢网围成约3亩作为暂养池。把选购的虾苗首先放进暂养池中暂养，放养密度为14.76万尾，放苗水深为0.5米，放苗后逐日添加水，每天5厘米，至水位加到1.2~1.4米时开始少量换水，换水以溢水方式为主。虾苗长至3厘米时，撤去筛绢网，使虾苗直接在池中养成。

②水质调控：在养殖期间一定要注意做到保持水质清新。前期主要采取添加水的方式，进水闸使用60目锥形网过滤海水以防止敌害生物进入；中、后期日换水量为10%~30%，使池水保持相对的肥度，透明度在30~50厘米。换水网目随对虾增长逐渐增大，以虾逃不出为准。盐度在20~30，雨季时节，当盐度过低时，减少换水或适当辅以食盐调整盐度。

③饵料投喂：从虾苗放养第二天便开始投喂饵料。前期主要使用卤虫，每日4~5次。中、后期使用鲜活饵料，同时辅以人工配合饲料，每隔8小时投饵1次，每天3~4次。日投喂量以估算全池总重和投饵率数据作为依据，并结合饵料观察台、对虾胃肠饱满度、虾体生长状况以及天气的变化等综合因素而不断调节投喂量。

④病害防治：坚持以防为主、防治结合的方法对病害进行综合防治。一般每10天左右使用生石灰（7.5~10.0千克/亩）全池均匀泼洒，消毒池水，调节pH值；一般每7~10天使用氧化铁或沸石粉按剂量为40~50千克/亩全池均匀铺撒，进行底质改良；发病时（如患纤毛虫附着病、黑鳃病等），可使用漂白粉1~2毫克/升或二氯异氰尿酸钠0.2毫克/升全池泼洒。

⑤日常管理：坚持每日早晚巡池，观察"浮头"、"闸涵"活动情况，发现问题，及时解决。水质检测，每天06：00和16：00测量水体温度和盐度等。每月进行一次对虾体长测量，每次抽样

40尾，然后取其相对平均值。测量体重时4厘米以下的对虾使用±0.1毫克分析天平，4厘米以上对虾使用±10毫克的药物天平。

2. 试验结果

（1）收获结果　养成池从5月20日开始放苗，9月30日至10月20日收虾，养成期共154天。9亩虾池共产日本对虾2 746千克，平均亩产305.1千克，养成规格平均90尾/千克，成活率为56.2%。

（2）饵料系数　养殖期间共投喂卤虫12 630千克，折合"海马"牌配合饲料2 937千克，使用"海马"牌配合饲料2 500千克，以上两项总计为5 437千克。饵料系数为1.98。

（3）生长情况　虾苗自5月20日放养至10月20日收获，体长平均为10.0~10.5厘米，其生长主要是在养成前期、中期，8月20日前生长基本呈直线上升，日增长率在0.08~0.10厘米/日，波动不大，从8月20日以后生长明显减慢且日增长率降至0.04厘米/日。9月20日以后对虾基本未生长。

（4）经济效益　9亩虾池共收虾2 746千克，平均亩产305.1千克；每千克虾售价为44元，总收入为120 824元。总成本为76 000元，养成每千克虾成本为27.7元，总盈利为44 824元，每亩盈利为4 980.4元。

3. 讨论

（1）养殖日本对虾的可行性　日本对虾具有独特的潜沙习性，可耐低温及耐干露，适宜盐度为20~30。根据当地实际情况，结合日本对虾的特有习性进行虾池底铺沙筑地，砖面护坡的结构建造虾池，为养殖日本对虾创造良好的生态习性条件，进行日本对虾养殖是切实可行的。从养殖的结果来看，养殖日本对虾具有较高的经济效益。因此，系统合理地推广健康养殖一定可取得良好的社会效益和生态效益。

（2）要养好日本对虾，底质的保持很重要　日本对虾以沙质底为其生长栖息场所。所以环境优劣直接影响其生长、存活，保持底质与水质调控和病害防治要紧密结合起来。有了优良的环境

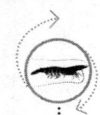

条件,还要有健康的虾苗和高效优质的饲料,而且放苗量多少依虾池条件如水深、换水能力以及虾苗规格、饲料质量和技术管理水平等诸多因素决定。

三、浙江省温岭市高滩低坝高网养殖日本对虾试验

浙江省温岭市水产技术推广站丁理法、周友富、陈海伟等人,于1998年3月份至10月份在温岭市横山乡殿嘴头塘外的高中潮区滩涂上进行日本对虾养殖试验。他们模拟自然生态环境,采用低坝高网进行日本对虾养殖。养殖塘内饵料生物比较丰富,水体交换方便,适宜日本对虾生长,能在较短的养殖周期内取得较高的产量和经济效益。现将试验的有关情况介绍如下。

1. 材料方法

(1) 养殖设施　选择一块涂面相对比较平整的中高潮区滩涂,面积为22亩,形状接近正方形。筑塘坝底宽为5米,高为1米,坝长为360米,坝坡比1:2。塘内离坝肢5米处挖宽为4米、深为1米左右的环沟,环沟挖出的泥用来筑坝。坝上围网,网以16目聚乙烯材料拼接而成。网高为4米,围网用直径为10厘米以上毛竹支撑,毛竹下端插入坝中1米,间距为3米,每根毛竹内外攀绳,以防风浪冲击。

(2) 环境条件　养殖试验点位于中、高潮区,该海区滩涂平坦,涂面广阔。4—10月份养殖期每潮汛可自然纳水12~13天,试验区池塘内平均水温为25.8℃,最高温出现在8月上、中旬,最高水温为31.5℃,海水相对密度为1.008~1.020,pH值为8.0~8.6。养殖试验期间未受台风影响而造成损失,影响最大的一次为"9809号"台风,当时该养殖区风力达11级、最高潮位为5.2米,超出当地正常潮位0.8米。

(3) 放养前的准备工作　①放苗前15天,对新筑的池塘坝及安装的围网进行一次全面检查,发现漏洞及时堵塞;②放苗前7天,趁小潮水不能自然纳潮之机,每亩用15千克漂白粉进行全塘铺撒,以杀死塘内的所有敌害生物;③配备小船一只,暂养虾苗用的网箱(规格为1.5米×3.0米×1.0米)3个。

2. 养成管理

（1）饵料　虾苗入池后即开始投喂饲料，整个养殖期间饵料以蓝蛤为主，并与人工配合饲料相结合。养殖前期因虾体还小，每日投 2 次人工配合饲料；中、后期全投喂蓝蛤，每日喂一次。投喂量依环境状况及日本对虾生长情况而定。

（2）日常管理　因采用低坝围网方式养殖，每半个月有 12~13 天能自然纳潮进水，整个养殖期间，注意水色的变化，透明度掌握在 40 厘米左右。水体交换良好。主要工作是防止池塘倒塌漏水，发现漏洞要及时修复，使塘内滩面保持一定水位。退潮后立即进行巡塘检查围网、塘坝情况。由于老鼠常在网脚与塘坝交接处咬网，巡塘时必须仔细观察，尤其在夜间巡塘要特别细心，严防网破逃虾事故发生。

（3）中期清塘除害　塘内主要敌害生物为鱼类，常见的四指马鲅、海鳗等大量捕食日本对虾，及时清除敌害生物是一项重要的管理措施。在养殖中期，即 6 月初与 7 月中旬两次选择大潮水期间待潮水进全塘后泼洒茶粕，用量为 10 毫克/升，杀灭敌害生物，同时也能起到促进对虾蜕壳和肥水的作用。

（4）收捕　日本对虾大小活虾市场均畅销，可根据市场行情，达到上市规格即可收捕，采取捕大留小、轮收轮捕方法，收捕工具可用板罾、陷阱网进行，一般傍晚下网，第二天早晨收网。

3. 结果

本试验的虾塘面积为 22 亩，从 4 月 25 日放苗至 10 月 3 日收捕结束，前后共 161 天，收捕日本对虾 1 595.0 千克，规格为 68~106 尾/千克。平均亩产 72.5 千克，销售收入为 207 350 元，扣除生产成本 73 550 元，净获利 133 800 元，平均每亩利润为 6 081 元。

4. 讨论

①从试验结果分析来看，苗种的质量直接影响了养殖产量和效益。试验放养的日本对虾苗种采用自然苗，因苗源短缺，放苗从 4 月 25 日一直持续至 5 月 22 日。由于苗种规格参差不齐，大小差别悬殊，苗种数量难以保证，直接影响了产量和效益，建议今后在

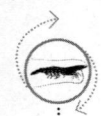

推广中应进行人工苗种的放养,以便能保证足够的放养密度和同步进行。

②养殖塘建造时,必须保证适当的环沟比例,一般要求设置环沟占养殖面积的 1/5~1/4,沟深度最好在 0.6 米以上,这样能保证在小潮水不能自然纳潮时有足够水体供养殖品种栖息,同时可以防止夏季水温过高,降低对日本对虾养殖的影响和缓冲暴雨带来的海水相对密度突降。

③浙江温岭市是台风多发地区,每年 7—9 月份是受台风影响频繁的季节。"9809 号"台风影响时,当时养殖区风力达 11 级,设施没有受损,表明采用高滩低坝高网养殖方式是安全可行的。

④潮间带中高潮区滩涂、涂质较硬,不适合贝类的平坦滩涂养殖,而筑堤建塘需大量投资,水质又无法保证,采用低坝高网养殖投资少、设施简单、养殖周期短、经济效益好,具有良好的推广应用前景,建议在沿海中高潮区滩涂推广应用。

四、海南省昌江南疆生物技术有限公司养殖日本对虾试验

海南省昌江南疆生物技术有限公司王平、李义军等在开展斑节对虾和日本对虾养殖中取得了良好效果,现将做法总结如下。

1. 放苗前的准备工作

(1) 池塘清整 ①放养虾的池塘,每造收完虾后,把塘水排干,晒池至塘底龟裂,彻底清除池底淤泥、有机物和塘壁藤壶等。

②放养前 1 个月,每亩施放生石灰 70~100 千克,生石灰应均匀施于池底,有淤泥的地方可多放,并用拖拉机进行翻耕。

③进水至 20~30 厘米。采用氯制剂进行池底消毒,全池泼洒,杀灭鱼、虾、蟹卵、细菌、病毒等。氯制剂的使用量以有效氯浓度为 30 毫克/升计算。

(2) 养殖用水准备 养殖用水需经沙滤井过滤,放苗前 15 天加水 80~100 厘米,接着用有效氯浓度为 5~10 毫克/升的氯制剂进行消毒。2 天后选择晴天上午进行施肥,培育基础饵料,肥水可以按每亩用肥水育藻剂 400 克和白云石粉 15 千克。以后每 3~5 天视池水水色和浮游生物量进行追肥,保证池内有丰富的基础饵料

生物。基础饵料生物培养是否成功，直接影响到放养虾苗的生长速度和成活率。虾池水色以黄绿色为最佳。

2. 虾苗放养

（1）放苗时水质要求　①水位为100厘米左右，水色呈黄绿色，透明度为30～40厘米，肥而嫩爽，池水中基础饵料生物较丰富；②最适水温为24～28℃；③虾池最适pH值为8.0～8.6，不应低于7.6，与育苗池pH值相差不超过0.5；④虾池盐度控制在25～35之间，不低于18，与育苗池盐度相差不超过5。

（2）虾苗选择及放养注意事项　①要求虾苗个体肥壮，规格整齐，体表清洁，无寄生物在虾体上，全长在1厘米以上，游动活泼；②虾苗要进行病毒和弧菌检测，不得携带WSSV、TSV、IHHNV和IMNV等几种特定的病原和弧菌；③放养密度通常为3万～5万尾/亩。池底整修较好的高位池放苗密度可为7万尾/亩左右；④应在虾池上风口放苗，放苗时尽量避免将池水搅浑；⑤在养殖池内设置测定成活率的小网箱，放苗7天后测定网箱内虾苗的成活率，估算放苗成活率。

3. 养殖管理

（1）水质调控　养虾首先要懂得养水，这是养虾成功的基本功底。保持良好的养殖用水条件能刺激日本对虾的旺盛食欲，降低饵料系数，提高生长速度，水质管理的主要手段是定期对养殖池水和底质的各项理化因子、生物因子进行监测，变化较快的指标每日监测。

①水质基本要求。pH值可作为衡量池水好坏的指标，养殖中、后期宜为8.0～8.8，日变化量要求小于0.5；溶氧含量要求不低于4毫克/升；虾池盐度控制在25～35之间，低于18或高于45虾体均会出现不良反应。总碱度为100毫克/升以上，亚硝酸盐含量低于0.02毫克/升；氨态氮含量低于0.30毫克/升。

②关注水色变化，适时加换新水。水色是池水中浮游生物的质和量的综合反映。养殖日本对虾的池塘，理想的水色应是由绿藻或硅藻所形成的黄绿色或茶褐色。日本对虾养殖过程中，最忌水色突变和丝状藻过度繁殖。养殖中、后期，池水应处于高水位，隔天加水5～10厘米，使池水透明度保持在30～40厘米，养殖后期，

可每天适量补水,池水透明度控制在35~45厘米。但如有下列情况,需要换水或采取其他措施:pH值日变化量大于0.5,pH值小于7或pH值大于9;池水透明度大于50厘米或过于浑浊而小于20厘米;池水颜色显著变暗,无机悬浮物的数量增加;池塘水面出现稳定的泡沫,有机物多而耗氧量增加;虾浮头,池塘底质发黑。

③使用有益微生物,改善池塘底质环境。日本对虾具有潜沙习性,底质的好坏直接决定养殖的成败,所以底质的处理就显得至关重要。使用有益微生物制剂养虾,是对虾养殖技术的重大突破,它在改良底质中起重要作用。有益细菌进入虾池后,迅速繁殖成为优势菌种,发挥其氧化、氨化、硝化、反硝化、硫化、固氮等作用。把虾的排泄物、残存饲料、生物残体等有机物迅速分解为二氧化碳、硝酸盐、磷酸盐、硫酸盐等,为单细胞藻类提供营养,促进单细胞藻类繁殖和生长,为养殖对象提供氧气。循环往复,构成了一个良性生态循环,使虾池的菌相和藻相达到平衡,营造养殖日本对虾良好的水质和底质环境。每7~10天加1次有益微生物制剂,比如使用"诺碧清生物净水剂"、"诺碧清生物氧化剂"、"诺碧清生物氨硝净"等复合微生物制剂可以有效地改良池底、降低硫化氢、氨氮和亚硝酸盐等的含量,用量为15~20克/亩。

④适量补充营养盐类,保持水质稳定。虾池中的营养盐类是虾池生产力的基础,其中氮、磷是制约因子,氮、磷的含量是决定虾池生产力高低的一个重要条件,而碳酸盐的含量则是决定水环境是否平衡的一个重要因素。要保持虾池水质稳定,需要调节养殖水环境营养盐类的平衡,补充水体中钙、镁、磷的含量。每10~15天全池泼洒2~3毫克/升的磷酸氢钙1次,20毫克/升的白云石粉1次,1~2毫克/升的碳酸氢钠1次,以调节水体总碱度达到100毫克/升以上。若突降暴雨或持续阴天引发pH值降低至7.5以下,则全池泼洒生石灰剂量为每亩5~7千克。

⑤保证充足溶解氧。充足的氧气是水质稳定和对虾快速生长的必要条件。溶氧丰富,各种生物能够存活,水中的碳酸盐等缓冲体系才能稳定,氧化还原电位高,水体中有害还原性物质,如氨、亚硝酸盐、硫化氢才能减少,同时虾摄食能力加强,消化率提高,

能量代谢利用率也高,并抑制致病细菌(如常见的气单胞菌)的繁殖。因而创造立体式的增氧模式和不定期地使用液态、固态增氧剂,保持充足溶氧,有利于对虾健康生长。日本对虾池水溶氧量不低于3毫克/升,为了保证在养殖过程中有足够的溶氧,应根据天气、水质、底质及水化条件,合理地开启增氧机和使用双氧水、过氧化钙等增氧剂,保持虾池(特别是池底)溶氧充足。

(2)饵料投喂 日本对虾有昼伏夜出的习性,夜间聚光性强,进食快,白天肠道粪便排干后潜入池底沙层中,夜间投料前全部浮出水面。因此,投饵应在日落后进行,午夜后结束。

①饵料选择。日本对虾对饲料要求比较高,一般选择优质配合饲料。优质配合饲料不仅提供充足蛋白质和氨基酸,保证对虾的正常生长,而且有利于对虾的消化吸收,一般投料后2~3小时基本完成摄食与消化。

②投饵频率。早期10天投料2次,18:30投喂丰年虫,投饵量为0.5千克/10万尾,04:00投喂泡料(酵母菌+乳酸菌+红糖,发酵48小时后使用),投饵量为0.5千克/10万尾。11~17天投喂1号料,每日3次,18:30投饵量为全天的50%,23:00为30%,04:00为20%。20天后改投饵4次,18:30为35%、21:30为25%、01:00为25%、04:00为15%。

③投饵技巧。日投饵量要根据天气、水质、对虾的健康和活动情况等灵活掌握。20天可以通过观察网测料,一般以检查饵料台不留残饵为原则,控制在投饵后1.0~1.5小时内吃完为佳,天气闷热或有雷阵雨时,可少喂或不喂,这样可以降低饲料系数和减轻水体的污染压力。

提高对虾免疫能力和抗应激能力。在饲料中添加:免疫多糖0.3%,生物酶活性添加剂0.2%,维生素C 0.5%,维生素E 0.3%,连续投喂5天,每天投喂2次;高温季节添加大蒜素0.2%~0.4%,同时每亩泼洒维生素C 300克、葡萄糖500克。

(3)病害防治 由于日本对虾生长缓慢,对虾养殖成败的关键在于对虾病害的防治,必须坚持"预防为主、综合防治"的原则。由于养殖水体污染、气候变化、苗种质量下降等原因,日本对

虾病害的种类繁多，常见的有以下几种。

①固着类纤毛虫病。

症状：固着类纤毛虫病出现在对虾生活的各个时期，附着数量不多时，肉眼看不出症状，危害也不严重。在宿主蜕皮时就随之蜕掉，但数量很多时，危害就非常严重。附着的部位是对虾的体表和附肢的甲壳上及成虾的鳃上，甚至眼睛上。在体表大量附生时，肉眼可见有一层灰黑色绒毛状物。在幼体最常出现在头胸甲的附肢的基部及幼体的尾部，在成虾最常出现在鳃上和头胸甲的附肢上。患病的成虾或幼体，游动缓慢，摄食能力降低，生长发育停止，不能蜕皮，就更促进了固着类纤毛虫的附着和增殖，结果会引起宿主的大批死亡。

治疗方法：排水20~30厘米，养殖水体用硫酸锌粉按0.75~1.00克/米³施洒，每天一次，病情严重时连用2次，36小时后补添新鲜海水还原水位，4天后调水、肥水。

②白斑综合征。

症状：虾浮于水面，游动缓慢，体色微红。病虾体表的甲壳上有稍带粉红色的白斑。白斑的大小和形状不规则。最容易出现在对虾的头胸甲上，严重者整个头胸甲都变白色，其次出现在腹部背面和两侧，白斑处的甲壳表面无明显变化，只是失去透明性。

预防方法：内服氟苯尼考0.3% + 维生素C 0.5% + 维生素E 0.5% + 酵母0.5% + 红糖1.0%，连续5~7天。

注意事项：严禁排、灌水，严禁消毒刺激对虾应激，每日投喂饲料减半。

③蓝体。

症状：虾体呈蓝色，甲壳薄、脆且易剥落，肌肉混浊不透明。

治疗方法：外用氯制剂连续消毒2~3次，每日1次，夜间消毒较佳。内服免疫增强剂（"吉恩三号"）+ 维生素E + 维生素C + 酵母 + 红糖，每日1次，连续7天。

④红鳃、黑鳃病。

病因：虾的鳃病主要由弧菌含量高，水质恶化，氨氮、硫化氢指标超高引起。

症状：病虾外观鳃区呈一条条黑色花纹。镜检时可看到鳃丝局部弥漫性坏死，轻者呈褐色，重者变为黑色，坏死的鳃丝边皱缩。

治疗方法：氯制剂连续消毒3次，消毒前排掉水位20%，每日1次，夜间消毒较佳。消毒后2~3天补水到原水位。改良水体池底。

⑤肌肉坏死病。

症状：对虾腹部肌肉变白色，不透明，与周围正常组织有明显的界限，特别是靠近尾部腹节中的肌肉最常发生。以后坏死的区域迅速扩大到整个腹部。这样的虾一般在24小时内就可死亡。由于盐度和温度不适引起的肌肉坏死，开始时对虾表现活动激烈，不安地连续游泳或企图跳出池塘，过10~30分钟后活动迅速减缓，以至静止不动，这时多数虾就会出现症状。

治疗方法：外用为首先泼洒葡萄糖1 000克/（亩·米）以增强对虾抗应激能力，全池泼洒"益水宝"（芽孢杆菌）1 000克/（亩·米）和光合细菌5 000毫升/（亩·米）调节水质。

内服氟苯尼考0.3% + 维生素C 0.5% + 维生素E 0.5% + 酵母0.5% + 红糖1.0%（根据饲料重量按比例添加），连续5~7天。

⑥肠炎。

症状：虾体肠道弯曲，吃料不理想，粪便较细、短，虾体色发红，尤其是尾扇。

治疗方法：乳酸菌20毫克/千克、维生素E 5克/千克、维生素C 5克/千克、酵母5克/千克、红糖20克/千克（此处指在每千克饲料中的添加量），每日1次，连续服用7天。

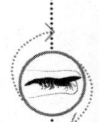

⑦水质环境突变引起的疾病。

暴雨后的处理措施：在雨季，暴雨后由于淡、海水分层，易使养虾池藻类下沉死亡，由此产生一系列问题，如缺氧，pH值下降，氨氮增高等。水质环境突变，虾体易出现大批量蜕壳等现象。

高温期的管理：当高温天气出现水温32℃以上时，对虾易抽筋，体色发白，出现食量下降、浮头、易患病等现象，甚至出现死亡。

治疗方法：每亩用维生素C 500克 + 葡萄糖1 000克，全池泼洒，同时调节水质。内服免疫增强剂及营养药物。

4. 收获

日本对虾耐低温能力较强，在华南地区沿海冬季可安全过冬，因此收获不受季节限制，主要依据市场价格、蜕壳情况、底质、水质、生产安排等因素来决定。通常是春节前后上市价格最高，此时段收获最为理想。由于日本对虾的潜沙特性，收虾宜在夜间进行，使用电拖网或推网进行捕捉。

笔者自 2008 年 7 月 20 日至 12 月 10 日按照此方法在海南省万宁市养殖日本对虾，经过 145~160 天的养殖，规格达 90~110 尾/千克，平均亩产为 427 千克，最高亩产达 475 千克，平均售价为 127.4 元/千克，每亩平均利润为 38 138.66 元。

五、福建省莆田市养殖日本对虾试验

福建省莆田市后海围垦管理局胡珍华等自 2003 年开始在福建省莆田市后海垦区通过应用微生态调控系统结合封闭与半封闭养殖，初步摸索出一套日本对虾生态健康养殖技术，并已取得了良好的经济效益和生态效益。现将总结的养殖经验介绍如下，与广大从事日本对虾养殖业者进行交流，以促进我国日本对虾养殖事业的健康可持续发展。

1. 养殖设施

养殖场应选择在水源水质符合《渔业水质标准》。无工、农业和生活污染源，底质为沙质或泥沙质，海水的盐度在 15~34，在雨季盐度以不低于 15 为宜，宜设在养殖密度较小的区域，以减少病原的交叉感染。

养殖场备有占总面积的 1/3 左右的蓄水池，海水经过 3 天的沉淀并用二氧化氯消毒剂进行合理水体消毒后再抽入虾池内，避免水源带来污染和病原。实践证明，这是预防虾病的有效措施。有条件的养殖场还要建水质处理池，以便虾池排出的废水能在水质处理池中得到沉淀和净化后再排入大海，以免污染海区环境。池塘两端设有进水闸与排水闸。进、排水渠道应尽量远离，不得混合，以利于防病和减少虾池的自身污染。

2. 放养前准备工作

日本对虾具有很潜的潜沙习性，需在水质清新、沙质较细且松散的底质中生活，底质的好坏关系到日本对虾能否正常生长。因此，虾池在经过一茬以上的养殖后，应进行严格的清淤、消毒，改良底质。

（1）清淤、曝晒　虾池收成后应将池水排干，彻底清除虾池内的淤泥和杂物，并运至远离虾池的地方掩埋。清淤后，经 15~30 天曝晒至池底干裂，然后放进适量的干净海水或淡水，选用二氧化氯或二溴海因等一些杀菌灭毒力较强、效果较佳的药物进行池塘消毒。药液须均匀地泼洒在池水中，在药液浸泡不到的地方（包括池壁堤坝），应用工具将药液泼洒上去，浸泡 3~4 天后将药液排掉，检查池塘，如有生物残体遗留在池内，须将其清除干净。虾池经清池消毒后，可在池底铺上 10 厘米厚的沙层或含沙量在 50% 以上的沙泥层，有利日本对虾的正常生长。

（2）培养基础饵料生物　培养基础料饵生物是营造虾池良好生态环境的首要任务。基础饵料生物通常是指虾池中的浮游单细胞藻类、浮游动物和小型底栖生物。这些活生物饵料营养丰富，适口性好，是提高虾苗成活率和生长速度最重要的物质基础，同时浮游单细胞藻类在水里能进行光合作用，可增加池水溶氧量，消除有害因子，平衡酸碱度，改善水体质量；能营造良好的水色和合适的透明度，抑制底生丝藻、有害藻类及寄生虫的繁殖，提供对虾安定生长的水域环境，减少病害的发生。

培养基础料饵生物主要是采用生态培养法：经 60~80 目筛绢网一次性进水 1 米，选择晴天上午，施用水产养殖专用肥料，新池或池底较干净的虾池使用"肥水师傅"，底质较肥的池塘可用"单细胞藻类生长素"，每亩施用 1~2 千克（以水深 1 米计）。在施肥的当天或第二天每亩施用"加强型利生素微生物制剂"1 千克（以水深 1 米计），7~10 天后追肥一次即可。这种方法既可培养和维持稳定的、优良的浮游单细胞藻类种群，又能培育有益菌群形成优势菌群，平衡藻相和菌相，维持一个稳定的养殖生态环境。一

般经过3~7天后，水色呈绿色、黄绿色或茶褐色，透明度达到30~40厘米时，即可放养虾苗。

3. 苗种放养

（1）选择健康的虾苗　放养体质健壮、无病原的虾苗是获得养殖成功的首要条件。虾苗应选择体长在1厘米以上，健壮活泼、体色透明、胃肠饱满、弹跳力强、逆水性好、耐干力强、体表清洁无寄生物附着的；除肉眼认真观察之外，还要用显微镜检查虾体、鳃部是否有纤毛类等寄生物，是否带菌；以亲虾来自海区第一代，健壮无病不带病菌，虾苗以投喂丰年虫进行培育的为最好。选择虾苗时，应送样到当地检验检疫部门检测，防止苗种携带高致病性病原体而造成养殖失败。

（2）虾苗运输及下池前消毒措施　虾苗运输过程中，特别是远距离运输，为了提高虾苗的成活率和活力，在虾苗包装前，预先在装包盛水的大桶中加入免疫多糖，用量为200毫克/升水体，搅拌均匀、充气、浸泡20分钟以上再打包运输。运输时尽量避开中午高温时间，要选择天气晴朗、气温稳定的时间运输。到了养殖场后再用聚维酮碘按2~4毫克/升的用量浸泡30分钟，进行虾苗消毒后下池，以避免病菌随育苗池水及虾苗带入虾池。

（3）放苗　选择天气晴朗的清晨或下午放养，避免在恶劣天气下放苗。放苗时，水温在24℃以上，pH值应为7.8~8.5，池水的水温、盐度、pH值需与育苗池相近。

虾苗放养密度决定着养殖对虾的产量和质量，甚至关系到养虾的成败。合理的放养密度应根据虾池、水质条件及养殖技术水平等因素而定，一般每亩放养1.0万~1.5万尾。

4. 养成管理

（1）科学投喂　养殖前期，由于虾池中基础饵料生物充足，可以不投喂饲料，只要继续培养好基础饵料生物就可以。养殖中、后期投喂优质对虾配合饲料，严禁投喂小杂鱼、虾、低值贝类等鲜活饵料，因为鲜活饵料容易携带病原体并引起水质污染、底质恶化等问题。

由于日本对虾具有昼伏夜行的习性，因此，每日可只投饵一次,一般在傍晚进行。投饵时饲料应均匀投放于四周浅水区。投喂量应严格控制,并根据天气、水质和对虾摄食情况等因素灵活调整:小潮、台风前夕、闷热无风、大风暴雨、高温、寒流时少投,大潮、天气暖和、水温适宜时多投;大量蜕壳时少投,蜕壳后适当多投;虾池内竞争动物多时适当多投;对虾浮头、水质恶化时不投;水质条件好时适量多投;天气突变、水温超过30℃时应少投;设置饵料台,适时检查,无残饵时多投,残饵多时少投。

放苗1个月后,可在饲料中适当添加中草药、高效营养素、免疫蛋白、有益菌、生物酶活性添加剂、蜕壳素等免疫增强剂和营养强化剂,增强对虾的免疫能力,促进对虾健康生长,减少病害发生。

(2) 水质调控　水质调控是日本对虾养殖成功的关键因素之一,其目的是为了保持池水良好的生态平衡和稳定,是众多防病措施中的重中之重。日本对虾养殖的主要水环境控制指标为:溶氧量为4毫克/升以上,pH值为7.8~8.5,透明度前期为30~40厘米,中、后期为40~60厘米。

①实行封闭与半封闭养殖。养殖前期全封闭,一般不添水、不换水,减少与水源的交流,规避风险,但要根据池水蒸发和渗漏情况适量的补充海水,将水深控制在1.0~1.2米。养殖中、后期半封闭,中期逐渐添水至1.5米以上,后期则根据水质情况,如透明度低于20厘米或高于80厘米,有害的单细胞藻过量繁殖等,均需适当换水,采取少换缓换方式,不大排大灌。进水缓慢加到虾池水上层,每次添(换)水5~10厘米,以减少对虾的应激反应并避免水质的较大波动。

②采用微生态调控系统,营造良好生态环境。这是生态健康养殖的主要内容之一。养殖过程中定期施放"加强型利生素"微生物制剂,可以及时降解底泥中的有机质、对虾的代谢产物、残存饲料、浮游生物尸体等有机物质,将其转化成单细胞藻类生长所需的营养元素,促进单细胞藻类的良好繁殖,使水色稳定、持久,增加池中的溶氧,降低氨氮、亚硝酸盐、硫化氢等有害物质,改善水体质量,从而营造良好的养殖生态环境。另外,"加强型利生

素"微生物制剂有益菌群在虾池中能够迅速繁殖形成优势菌群,通过营养竞争、空间竞争、生态位点竞争,抑制有害病原细菌的生长繁殖,减少病害的发生,提高单产。

放苗以后,每隔 15 天左右,每亩施放 0.5 千克"加强型利生素"微生物制剂,一直坚持到收虾。在换水后视情况用二氧化氯消毒剂进行水体消毒,3 天后再补施"加强型利生素"微生物制剂,维持有益菌群在虾池中的优势地位,发挥有益菌群调控养殖生态的作用。养殖中后期若出现水色过浓、泡沫过多等情况时可施用"活水素"或"活水素Ⅱ型";底质情况较差时施用"水产养殖环境调节剂 A"、"水产养殖环境调节剂 B"或"池底净"。

③做好抗应激工作。在水质恶化、气温突变、台风、暴雨、低压缺氧等情况下,应及时泼洒"应激安"、"健虾宝"、"利生降解灵"和"利生解毒宝"等,同时配合饲喂中草药制剂,减少对虾的应激,预防疾病的发生。

5. 总结

日本对虾生态健康养殖的关键是选用无病源虾苗、创造一个良好的养殖生态环境和提高对虾抗病力,减少环境压力,避免应激反应,以减少疾病的发生,提高对虾的成活率。整个养殖期间没有使用抗菌素等其他药物,对虾生长正常,规格大,成活率高,虾体外表干净,色泽鲜艳,饱满结实,无外观病症;虾池底质无黑色淤泥。实践证明,以调控优良的生态环境为主要措施进行对虾养殖,不仅能促进对虾健康生长和质量安全控制,提高产量,而且能有效改良养殖生态环境。因此,生态健康养殖是安全的、环保的、经济的、高效的科学养殖,是今后水产养殖发展的必然趋势。

六、广西壮族自治区养殖日本对虾试验

广西壮族自治区水产畜牧局陈锡发曾开展养殖日本对虾的试验,现将其经验总结如下。

①池塘水深要求 1.5 米以上。日本对虾有昼伏夜出喜潜沙的习性,白天几乎潜于池底不动,因此,选择养殖池以沙底或沙泥底为宜,沙占 70%,泥占 30%。

②日本对虾要求比重远比斑节对虾、南美白对虾高得多，海水相对密度应为 1.009～1.020，低于 1.007 的池塘不宜放养日本对虾，因为在相对密度比较低的渗透压下，对虾机体代谢受阻易造成蜕壳困难而导致死亡。养殖期间要求水质清新，理化因子要稳定，透明度控制在 30～40 厘米为宜。pH 值在 8.0～8.6。

③日本对虾对高温适应性不如斑节对虾，高于 32℃ 对其生长不利，最适温度为 20～28℃，10℃时停止摄食，耐受最低极限水温为 5℃，因此，放养日本对虾要掌握好放养季节，在避开高温期放苗的同时，放苗后至少要有 50～60 天适温期，以利于对虾前期生长发育。

④使用植物生长素、育藻素、单胞藻营养素等的任何一种，适当加些利生素和 1.0～1.5 千克/亩新鲜花生麸育水。可按育藻素用量的 5∶1 加些磷肥肥水。待 5～7 天后会得到理想的水色。

⑤有增氧设备、水深在 1.5 米以上的池塘放苗 2.5 万～3.5 万尾/亩。选择的苗种要求个体大小均匀、活力强、反应敏感、体表干净、无病害者，体长为 1.0～1.2 厘米。从苗场购回的苗进池前最好用 5 克/米³ 水体的聚维酮碘药浴后再入池，以防止病菌带入池内。

⑥日本对虾有偏肉食性的嗜好，对蛋白质要求较高。因此，应选择蛋白质含量在 50% 以上的全价优质饵料。有条件的最好在放养 15 天内，使用新鲜经处理后的贝肉搅浆拌料投喂，也可用生长素混料投喂。虾苗放养 1 个月内，日投饵 2～3 次，每天投饲量为仔虾体重的 15%。并根据日本对虾的活动习性，白天不投喂，傍晚投总投饲量的 40%～50%，夜间和凌晨各投 25%～30%，养殖 40 天以后日投饲减为 2 次，60 天后减为 1 次。日本对虾几乎不成群移动，因此，在投饵时尽可能撒遍整个池塘，其栖息的沙带应少撒，以保持清洁。

⑦养殖前期 40 天内，每潮水可添入 10～20 厘米的新鲜海水，以保持水体清新。养殖中、后期视池水状况，可适当排除底层水，添加新鲜海水，透明度控制在 30～50 厘米。

⑧日本对虾在 6 厘米以前生长较快，但也最容易在此时生病，

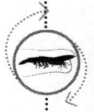

因此，此时期管理非常重要，切勿掉以轻心。

⑨日本对虾除了傍晚、夜间、凌晨活动寻找食物之外，其余时间潜伏不动，持之以恒地严格确保养殖池底质干净是成功的保证。

⑩日本对虾养殖期间的病害有十多种。最常见的有白斑综合征、弧菌病、镰刀菌病等。因此，要做好疾病预防工作。定期施放池底改良剂及使用药饵投喂，内治、外治相结合，确保养虾安全。

七、山东省海阳市养殖日本对虾试验

张敏等于2006年在山东省海阳市大闫家镇鲁古埠村的日本对虾养殖中，遵循"水产养殖，养水为本"的科学养殖理念，头茬虾单产40千克，在售价仅为34元/千克的情况下，每亩净利润超千元，二茬虾也达到单产50千克，售价为140元/千克，现将具体情况介绍如下。

1. 虾池条件

日本对虾养殖池池底以沙泥底质为最好，面积在20亩左右，水深为1.3米为宜，虾池两端设有适当宽度的进、排水闸各1座，每个虾池要配套机械提水设备。盐度在23以上，pH值为7.6～8.6，海水理化指标符合《无公害食品 海水养殖用水水质标准》（NY 5052—2001）。

2. 放苗准备

（1）**虾池消毒** 在虾池进水前15～20天，用生石灰对虾池彻底消毒，生石灰用量为75～100千克/亩，也可用30～50毫克/升的漂白粉进行清塘消毒，要全池均匀撒开。

（2）**虾池进水** 放苗前10天左右，经过水滤网向虾池内注水，滤网用60～80目网制成。水位视天气状况而定，如果天气稳定，宜进水50～60厘米，便于水温上升，促进虾的生长，如天气不稳定，则应多一些，减少水温波动。

（3）**虾池施肥** 在放苗前7～10天选择晴天进行施肥，虾池进水50～80厘米，氮肥的施肥量为1.0毫克/升，磷肥的施肥量为0.1毫克/升，如果是新塘可适当混用一些发酵后的鸡粪等有机肥，加速浮游藻类的繁殖，鸡粪用量为 3～5 千克/亩，以后每 7 天视池水肥度情况进行追肥。天然基础饵料繁殖较好的虾池，对虾在养殖前期体长在 3 厘米以内时基本可以不投饲料。

3. 选苗及运输

虾苗要求个体大小均匀，健康活泼，体形完整，无损伤，规格在 1 厘米左右为好。虾苗就近购买为宜，主要采用双层塑料袋充氧运输法，运输时间尽量控制在 10 小时以内。

4. 虾苗投放

放苗时尽量选晴天无风的日子，风不大时也可放苗，但必须在上风处放苗，育苗池水盐度和虾池水的盐度差不大于 3，水温差不能大于 3℃，如大于上述数值，应经过驯化处理后再将虾苗放池中，放苗密度为每亩 0.7 万～2.0 万尾。

5. 养成管理

（1）水质管理　养殖初期以肥水为主，视水质肥度情况和水色的变化，逐日向池内添水，每日添加 3～5 厘米或 3～4 日加水 15～20 厘米，保持池内生态平衡，当虾体长达到 5 厘米以上时，将池水添至 1 米以上。养殖中期由前期的"肥水"转为"活水"，日换水量为 15%～20%。养殖后期视水质污染情况，可适当加大换水量。

（2）投饵　日本对虾的食性非常广，但由于对虾病毒性病害频发，且流传广，传播时间长，应采用人工配合饲料为主。

①投饵方法。虾苗前期生长主要靠池内的天然饵料来维持，中、后期投饵以人工颗粒饲料为主，投饵时间在 20:00 和 01:00 为最佳，20:00 投喂日投饵量的 70%，01:00 投 30%。

②日投饵量的确定。养殖前期可用小吊网，中、后期可用旋网定量法测定池中虾的数量和规格，然后确定日投饵量，虾体重为 1～5 克时投饵量为体重的 7%～10%，在 5～10 克时为 4%～7%，在 10～20 克时为 3%～4%。

③日常观测。重点做好以下几个方面工作：首先是对虾摄食情况，摄食情况反映饵料是否适当，底质和水质是否正常，这些将

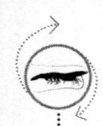

直接影响对虾的生长和健康;二是对虾生长情况,生长情况的观测主要有成活率和平均体重的估测,体重测定和蜕壳情况;三是对虾活动情况,根据日本对虾生活习性观察其活动情况,发现异常如对虾不潜沙、活动力下降、反应迟钝、浮头或在水面打转等,应及时采取措施进行处理;四是虾池底质和水质情况,包括池底颜色和气味,水质指标和日常检测等。

④日本对虾养成中、后期,每10~15天用生石灰水全池泼洒1次,改善池水的理化因子,预防病害发生,生石灰用量为15~20毫克/升。近年来,在日本对虾的养成过程中病毒性白斑综合征也时有发生,对病毒病目前尚缺乏有效的治疗手段,只有通过预防的手段来减缓其发生,如投喂优质饵料,增强对虾体质,在饵料中添加维生素C、维生素E、人参皂苷等免疫增强物质,提高对虾的免疫能力。

6. 收获

对虾长至每千克80~100尾时就可以收虾,采用插陷网的方法收获,陷网插入池内后,及时检查陷网内虾的密度,防止虾的密度过大造成死亡。

八、日本对虾与蟹类混养

福建省南部地区虾池晚季长期养殖日本对虾,由于虾池老化,气候异常,进、排水不良,病毒传播等原因,自1997年晚季后,发病率居高不下。当地早季多混养锯缘青蟹,于6—9月份收获上市,并将体重不足110克等不合规格的个体收购后,放入部分虾池继续混养,以培育膏蟹;也有个别虾池混养三疣梭子蟹。经多年观察,发现这种混养有一定防病效应。林野等于2002年9月份至2003年3月份,对漳州市漳浦县前亭镇水产养殖场和江口村、后亭村、桥子堡村部分虾池(67口,面积共计2 300余亩)的发病和收获情况进行考察和统计,证实了这一效应。

1. 养殖概况及统计结果

每年10—12月份是当地日本对虾养殖的第一个发病期。当地虾池按养殖对象可分为：菲律宾蛤仔混养池、蟹类混养池、对虾专养池、鱼类混养池四种。在考察阶段的67口池中，仅2口锯缘青蟹混养池未出现病情。再从2003年元旦至春节收获情况看，有57.9%蟹类混养池的对虾取得较好收获，明显好于其他类虾池。表明这类混养池虽然发病，但病情比较容易控制。另外，全季最高产值的2口池子均为蟹类混养池，其中1口达到约3 000元/亩。这些都说明虾蟹混养确有一定防病效果。

2. 蟹类混养防病效应的探讨

蟹类能翻扒池子底部，改善对虾的底部栖息条件；120克以上的锯缘青蟹能清除池中的松螺，有利于虾池基础饵料的生长；底部污物经翻扒后进入水体，形成藻类繁殖的营养源；凡混养蟹类的池子，水色都很稳定，且浒苔不易滋生。蟹类能摄食对虾的病弱个体，有利于控制病毒传播。其中梭子蟹游泳能力较强，能驱逐五须虾等敌害生物。

除石灰之外，许多渔药对菲律宾蛤仔有伤害作用，而蟹类则不太敏感，这有利于水质调控等生产防病措施的实施。

3. 虾蟹混养的生产管理措施

蟹类抗逆性较强，对虾池渔药不太敏感；食性杂，可有效利用池中的部分基础饵料。因此可参照日本对虾的养殖规范，对虾池进行管理。同时应兼顾蟹类特点，采取如下措施。

①混养池应严格清池。可先将青蟹放入暂养池，待清池后再放入大池。

②根据蟹类的不同习性，在进、排水方便的池子混养锯缘青蟹，在排水困难的池子混养梭子蟹。

③混养密度：60~100克的锯缘青蟹以每亩40~100只为宜，梭子蟹苗应不超过2 000只/亩，两种蟹类不能混养。日本对虾苗分批投入，第一批为3 000~5 000尾/亩，过10~15天投入第二批，为5 000~6 000尾/亩。

④锯缘青蟹在育肥阶段，需要蛋白性营养。主要采用兰蛤等生鲜饵料，辅之以浸泡后的鱼干。梭子蟹放苗30天后可投放粉碎的杂鱼肉，后期可酌情增加蛋白性饵料。

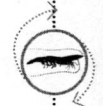

⑤虾蟹的健康状况出现异常时，可利用对虾和青蟹耐干露的特点，选择阴天等适宜天气排出60%～90%池水，并在1～2小时内及时进水。此法能氧化池底污物，改善虾蟹栖息环境；还可排出和清理部分敌害生物以及病、弱虾，并清理浒苔；同时检查青蟹数量以及生长、健康状况。进水后应施放药物，加速培养藻类。

九、日本对虾养殖优势和存在的问题

1. 日本对虾作为养殖品种的优势

①个体大，略大于中国对虾。肉质细嫩鲜美，深受消费者喜爱，价格较高；②为低温性种类，适合南方地区冬季养殖；③耐干运，有利于活虾销售；④育苗技术已十分成熟，能按放养的需要适时提供苗种。

2. 日本对虾作为养殖品种的劣势

①因为有较强的潜沙性，喜居沙质或沙泥质池底，虽然一些地区在泥底池中养日本对虾也获得成功，但它的发展仍受底质条件的局限；②由于日本对虾是分散活动，又有潜沙习性，因此出虾不能用排水法集中出虾，收获比较麻烦；③对低盐度的耐力较低，盐度在7以下就会大批死亡，因此，一些河口地带不能进行养殖；④日本对虾喜潜伏池底，因此，虾池中的存虾量难以估算，摄食情况不易观察，进而不易掌握投饵量。

综上所述，只要我们了解日本对虾的生活习性，创造良好的养殖环境，注重病害防治，日本对虾的养殖前景仍是乐观的。

第四章 日本对虾健康养殖的水质调控及营养与免疫调控

内容提要：日本对虾健康养殖的水质调控；日本对虾健康养殖的营养与免疫调控。

第一节 日本对虾健康养殖的水质调控

日本对虾的养殖管理中水质是重中之重。水质是日本对虾养殖的重要因素，在良好的水质条件下，日本对虾摄食旺盛、生长快、病害少。一旦养殖的底质污染，水质恶化，助长细菌的繁殖和有毒物质的积累，水质难以保持稳定，容易引起对虾发病，造成日本对虾大量死亡，以致养殖失败。因此，如何进行水质管理值得养殖业者注意。

水质管理的好坏是养殖日本对虾成功与否的关键所在，管理不善，整个虾塘的虾可能在一夜之间全部死亡。俗语说"养虾就是养水"，可谓一针见血地指出了水质的重要性。若能科学有效地管理好水质，使虾的生活环境良好，对其迅速成长与健康养殖有着举足轻重的意义。一般而言，养殖的成败，大多取决于养殖场的水质和土质是否适合养殖日本对虾。一个好的养殖场有好的水源、清洁而无化学污染及生物污染的底质，这就具备了养殖成功的主要条件。那么，怎样才算是良好的水源与底质呢？因涉及水质变化的因素很多，且各因素之间存在相互影响，所以细心观察及经

验判断成为水质管理的人为要素。现对对虾养殖场管理的具体操作做以下说明。

一、水质对健康养殖的意义

科学的水产健康养殖是从控制水质开始的。水质是直接影响对虾产量的重要因素。经常进行水质检测，保持水质稳定，增加虾塘的溶氧量，增加营养盐和补充小型饵料生物，控制池水浮游生物浓度和排出一部分代谢产物，有利于对虾摄食和促进虾体蜕皮生长。

要管理好水质，必须先了解水源。

二、水质基础条件

要判断水质好坏，进而控制优良水色，有几项水质基础条件是养殖业者必须了解的。

1. 溶氧量

一般虾塘溶氧量（DO）最好能维持在5毫克/升以上。

2. pH 值（酸碱度）

通常 pH 值的高低是水质好坏的最佳指标，正常纯海水的 pH 值在 8.2 左右，pH 值若低于 7.4 时，显然池中污染较严重，应及时处理，以免危及虾的健康。目前，测定 pH 值有不少简易的方法。

3. 盐度

日本对虾对盐度有一定的要求，一般以 15～28 为佳，所以在低盐度不宜养殖。盐度低于 7 时虾会死亡。在养殖中、后期，盐度过高不利于虾体蜕壳，而盐度骤降则会使日本对虾因不适而死亡。在阴雨天，大量的降水使淡水浮于表层，造成底层严重缺氧。因此，在养殖过程中，应加强观测，注意盐度变化。

4. 水温

日本对虾在水温为 18～28℃时生长较快，超过 28℃时，对虾容易患病死亡，而低于 18℃时，则生长缓慢；13℃以下时池虾摄食量减少，9℃以下或水温骤降（温差超过9℃时）不摄食；8～9℃时出现冻死虾，可见水温对日本对虾影响甚大。若遇寒流侵袭，应尽量加深池水。在高温时也要加深池水，使底部水温较低，虾不受高温影响。刮南风时，气压及水温变化不正常，要特别注意水质变化。

测定水温是常规工作，千万不要忽视其重要性。养虾者应每天早晨、中午、傍晚、半夜测量4次水温，并做工作日志和曲线图，供以后参考。

5. 硫化氢

硫化氢对水生生物的影响与水温、pH值及溶氧均有关系。硫化氢以HS^-状态存在时毒性弱，若还原成H_2S时毒性很强。在低pH值、低溶氧而高温的状态下，其以H_2S状态存在的可能性极高，若其含量在1.0毫克/升以上时，就会造成重大威胁。

6. 氨浓度

在虾塘的水中，氨以未解离的NH_3及解离的NH_4^+存在，前者毒性强，后者毒性弱。当水温、pH值高时，水中NH_3含量就多，水的毒性相对增强，影响虾的健康。幸好高溶氧可以尽量降低NH_3的含量，所以在夏天利用增氧机就显得更重要了。如果水域中总氨量超过3.0毫克/升时，养殖业者就要小心了。

三、水环境的调控

维持好水质的目的不仅是使日本对虾能够在水中生存，而且要使其处在最佳生长条件下，养殖户必须了解虾池中发生的各种水质变化，监测、纠正影响对虾生长的各种因素。

养殖前期不需换水（30天内），只需添加少量水（3～5厘米），直到池中水深为1.5米。养殖中、后期盐度升高，又无淡水可加，每天可酌情排出少量池水，加入蓄水池中的水。日换水量控制在10%～15%以内。养殖后期（60天后），每天排污次数具体掌握，安排在当日投喂饲料后1小时后进行，傍晚注入蓄水池的新水至原有水位。

但出现以下情况时有必要换水：①水色突然变化，变清、变暗、变白或变为其他颜色；②pH 值低于 7.5 或高于 9.0，日波动大于 0.5；③增氧机开动后水面出现较多的泡沫且不散；④水中悬浮物增多；⑤硫化氢、氨、耗氧量等化学指标超标；⑥水透明度增大，超过 80 厘米，或过于浑浊，小于 30 厘米，有异味。

换水时日换水量不超过 30%。如换水量小（低于 10%），为提高换水率可先排些水到一定水位之后再进水。如果换水量较大（高于 10%），可先排出一部分水后，再边进边排，最后添加到一定水位。当虾体长达到 8 厘米以上时，池中逐步加入淡水。换水对保持水环境稳定有重要作用，还可促进虾的生长。

适量使用淡水，使养殖池维持较低的盐度，对日本对虾防病有重要作用。因绝大多数适应海水环境的细菌、病原体、寄生虫以及部分病毒都不能适应淡水。虾池的盐度在 15~25，有益的单胞藻，如绿藻、硅藻等为主的藻类容易繁殖和控制，藻相稳定，对保持水环境稳定有重要作用，还可促进虾的生长。

四、增氧机的使用

养虾池水中溶氧量应保持在 4 毫克/升以上，因此，在有限水交换系统的高位池及循环水精养模式中，必须使用增氧机。增氧机有水车式、叶轮式、射流式与长臂式等。增氧机的开机时间可根据池水溶氧量的水平进行调整。正常情况下，放苗后 20 天内，配置水车式增氧机 6~8 台/公顷（1.00~1.25 千瓦/台），每天中午和黎明前开机 1~2 小时。养殖 20~60 天，配置水车式增氧机 9~12 台/公顷，每天中午和凌晨，全部增氧机开机 5~6 小时，其余时间开动一半的增氧机。此外，在阴雨天均匀增开时间和次数，使水中的溶氧量始终维持在 5 毫克/升以上。养殖 60 天后，也就是养殖后期，可将水车式或长臂式增氧机与射流式增氧机混合使用，共 12~15 台/公顷，除每次投喂时停机 20~30 分钟外，需全天开足增氧机。尤其当虾池水深在 2 米左右时，养殖中、后期以配置适当数量的射流式增氧机为佳。增氧机的设置数量和位置依各池的面积大小而定，一般设置在池的四周离池坝 3~5 米。相互成一定角度，有利于形成同方向水流，集中残饵和污物。

五、养殖期间溶氧量的控制

虾池氧气状况与对虾呼吸代谢的关系密切。当水中氧气不足或完全缺氧时，都将带来致命的危害，引起对虾大量死亡。这种在缺氧条件下的大量死亡称为窒息，这种现象多发生在夜间或黎明。

白斑综合征爆发的主要环境因子是水中溶氧量的下降，例如阴天和下雨都会因氧的分压下降及浮游植物光合作用减弱而降低水中的溶氧量；浮游植物大量死亡使水中失去造氧来源；浮游动物大量繁殖，也能使池水溶氧量降低；水质和底质污染与恶化，不仅会分解出大量有毒物质，而且有机物还会大量消耗溶氧；增氧机停机，池中溶氧下降，2~3天便会出现白斑综合征症状，对虾爆发性死亡。

1. 养虾池中溶氧量的变化原因

（1）耗氧因素　①池塘中生物呼吸消耗氧气；②池中包括池底在内的有机物氧化分解过程耗氧；③池中还原物质在化学或生物代谢作用下氧化耗氧。

（2）增氧因素　①空气中氧气溶于水中；②水体交换带入氧气；③池中浮游植物进行光合作用放出氧气；④增氧机的启动。

2. 池塘中出现缺氧的预兆

池塘中出现缺氧的预兆主要有以下六点：①透明度在80厘米以上或20厘米以下；②浮游植物过度繁殖；③水质腐败，水色白浊；④鱼类浮头，螺类爬出水面；⑤少数对虾白天在水面不安游动；⑥高温期、气压低、连续阴天、天气闷热无风，虾大量浮头或翻塘。

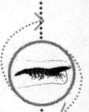

养虾池是一个小的人工生态系统，因此，对水中溶氧的控制是一个整体的综合调控过程。调控措施包括安装增氧机，合理投喂优质饲料，改善水中微生物结构，改善水中浮游生物的群落与底质，改善水质环境等，以提高水中溶氧量，保持水质稳定。

六、氨及硫化氢有毒物质的调控

在养殖期间，氨氮的含量不应超过0.5毫克/升，硫化氢含量

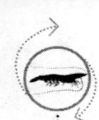

应控制在0.1毫克/升以下。氨氮浓度较高的虾塘,对虾易大量死亡,即使在安全浓度范围内,虾的生理功能也会受到明显影响,血细胞减少,溶菌或抗菌活力显著下降,容易发生疾病。

氨氮是池塘中对养殖对虾有毒害作用、限制对虾生长的水化因子。池塘中氨氮主要来自施肥和水生生物的体内氨代谢。尤其是在放养密度大、投饵量过大时,易出现氨氮的积累而造成危害。因此,在养殖期间一定要合理放苗,使用优质饲料,投饵要准确。定期使用水质改良剂以避免氨氮积累。

在养殖期间要特别注意消除硫化氢,因为硫化氢的危害是十分严重的。大量堆积在虾池底质中的残饵、生物尸体等有机物,腐败分解时会产生大量的硫化氢。尤其是当前大多采用封闭式高密度养殖方式,必须定期、科学地应用微生态菌种才能有效地参与养殖池中有机物的降解和转化。例如,光合细菌(主要是红螺菌)以对虾的残饵、排泄物为供氧体和主要碳源,能把水中的有机物经异氧菌分解后产生的有机酸、氨氮、硫化氢、亚硝酸盐等作为自身菌体的营养物质,既参加了水质的净化,菌体本身又可为对虾提供优质饵料。

酵母菌主要是促进对虾消化吸收、胃肠健康,同时又是对虾的优质营养物质。芽孢杆菌一方面进入对虾肠道、体表上定植并繁殖,有效地抑制对虾致病菌;另一方面,芽孢杆菌在繁殖过程中,可降解残饵和排泄物中的蛋白质、淀粉、脂肪等有机物。硝化细菌能将毒性大的亚硝酸盐转化为无毒的硝酸盐。反硝化细菌也以池中的有机物为碳源,将池底的硝酸盐转化为无害的氮气排入大气中。反硝化过程消耗了大量的底泥发酵产物和沉积于底层的有机物。由此可见,利用多种微生态制剂养虾,在水中可形成有益菌群的优势,通过功能互补,可达到优化水质、增强虾的抗病性、预防虾病、取代虾药、减少环境污染的目的。

科学地施放微生物制剂,能有效分解有机废弃物,保证了有机物氧化、氨化、硝化、反硝化的正常循环,使代谢终产物成为单细胞藻类生长所需的无机营养盐,可维持养殖水体藻相的相对稳定,保持水质理化因子的相对平衡状态。单细胞藻类的正常生长,使水中溶氧充足、水色透明度相对稳定。有益微生物的彻底分解，避免了有机废弃物在池中的沉积，中间代谢的有毒物质，如氨氮、硫化氢等减少，pH值相对稳定，使养殖水体的各项水质理化因子维持在相对稳定的状态，为对虾创造良好的生长环境。

那么在养殖期间应如何来消除硫化氢的危害呢？应注意做到：①合理控制虾苗的放养密度，准确掌握投饵量，适当施放光合细菌，以减少池塘底泥的污染；②注意改善底质，在养殖中期必须施放沸石粉或白云石粉（每亩用量为30~50千克），促进池底沉积物有机质充分氧化分解，防止发生厌氧分解；③使用高效优质饲料，减少水质污染，保持良好底质。

七、添、换水

要根据虾体的不同生长阶段、水温、天气情况、虾的活动情况和水质状况来确定换水量多少，而如何掌握换水时间，如何换水，换什么水，这才是换水的要领。

在虾苗下塘后，即虾体生长期早期，一般虾塘水放满。随着对虾生长，虾塘内相对密度增加了，其代谢产物、残饵逐渐增多，耗氧量增大；当虾长大后，饵料生物已不能满足其需求，适时适量添水（处理后的消毒过滤水）是相当重要的，每次加10%~15%。在养虾的中、后期，水温明显上升，应坚持每日换水，尤其是在下列情况下必须加强换水：①放苗密度大；②虾塘内浮游生物量过多；③虾塘底部污染严重；④水温在35℃以上，天气炎热，在雨水来临之前，必须加速进水，以免突然的阵雨造成表层水冷、底层水热的现象；⑤虾病严重或水色过浓；⑥天气闷热、无风，气压低，南风天威胁最大，除加速换水外，还要开水车或增氧机增加溶氧。

放苗后1个月，即中期，每天换水10%。在高温期，采取加大过水面、机械提水或底下增氧等措施。一旦发现水质恶化，应先排水，后进水。排水时流水宜慢不宜快，避免把虾逼在网上造成机械损伤；进水时流量适当加大；换水时要注意安全。换水之前应检查闸门是否漏水，过滤网有无破洞，防止对虾逃出或混入

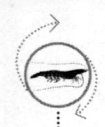

敌害生物,并经常洗刷过滤网,保持水流畅通。

根据生产经验,晚上换水效果比白天好,闸底排水比闸顶换水效率高,进、出水分闸比单闸换水效果好,进的水必须消毒过滤或沉淀为好。同时要注意观测天气、水温、水色和敌害生物数量,综合分析,合理调节,夜间或傍晚排水为好。

换水有潮汐纳水和机械提水两种方式,这与养殖模式有关。前者简单易行,但虾塘潮位要低,要有独立的进、排系统;后者可补充纳水的不足,也可作应急解救(如对虾浮头)之用。提水机械用扬程小、水量大的轴流泵比较经济。

换水是改善虾塘水质条件,提供对虾良好水环境的一项重要措施,有利之处在于:①可增加虾塘溶解氧;②换水可适当调节虾塘水中的盐度,控制单细胞藻类密度,调节水的透明度;③纳水时可带进一些小型饵料生物,作为人工投饵不足的补充;④排水时可带走虾塘中一部分代谢毒物,有利于改善底质状况;⑤高温季节换水可起到降低水温的作用;⑥换水可刺激对虾蜕皮,加速其生长。

换水量应根据对虾生长情况、水温、天气情况、虾的动态和水质状况等来确定:虾苗下塘后的早期生长期,一般是在添加水后1个月左右开始换水;随着虾体长大,养殖密度增加,代谢产物、残饵逐渐增多,耗氧量增大。对于小面积养殖虾塘,最好要配备增氧机:一是使池内的溶氧分布平衡;二是加大池水和空气的接触面,增加溶氧。这样能解除阴天、无风天气可能出现的对虾缺氧"浮头"的情况。

在整个养殖期做好水质调节,增加换水量,促使水质新鲜,增加水中天然饵料,这是夺取高产的重要措施。一般说来,换水量与产量成正比关系。不少高产单位证实,新鲜的水质是养好虾的基本保证,还应注意以下一些情况。

1. 浮游植物爆发性生长

在不施肥的情况下,浮游植物的爆发性生长,主要是虾池排泄物与残饵过剩所致。尤其在放养密度过大和投喂饲料过多时,这些残渣等大量转化为富含营养盐和氨的物质,此时如不采取换水,池中的浮游植物在富营养化条件下增殖很快,引起水质和底质受到严重的破坏。此时池顶采用一些化学药品来处理,可用活性碘、二氧化氯或二氯异氰尿酸钠来消毒,也可以通过大量换水来处理;底质可以用 30~50 千克/亩的沸石粉来调节。

2. 浮游植物突然大量死亡

虾池内浮游植物突然大量死亡,以致池中水突然变清,这一情况对养殖日本对虾极为不利:一是极易引起溶氧缺乏而造成对虾缺氧死亡;二是可能使对虾发生其他病变。因此,要查明原因,及时进行处理。

(1) 由 pH 值过低或过高引起　二氧化碳是植物进行光合作用所必需的物质,水中如果缺乏二氧化碳,即造成浮游植物大量死亡。水中二氧化碳含量受 pH 值的影响,pH 值低的池水二氧化碳含量也低,而 pH 值高达 10.5 以上时,水中二氧化碳也会缺乏,因此应及时调节池水 pH 值。

(2) 由营养盐不足所引起　池中营养盐不足,浮游植物无法生长,应及时进行施肥和增氧,提高水位。同时应注意虾池周边是否有铁锈水,因铁与磷酸易结合成 $FePO_4$ 沉淀,使植物不能吸收利用。出现这种情况时应加投较多的磷肥,最好是有机肥,如在塘边吊挂已发酵的鸡粪。

(3) 由池底缺氧使营养盐未能发挥作用引起　应注意,由于池底缺氧而使营养盐未能发挥作用,特别是养殖池使用久、沉积大量有机物质时,它们极易被好氧细菌分解为 NH_4^+-N、$PO_4^{3-}-P$ 等营养盐,但如果池底缺氧则微生物无法作用,以致缺乏磷肥与氮肥,此时如果再投肥料会造成恶性循环。在查明池底有大量有机物后,应立即采取增氧措施,启动增氧机或抽水机搅拌池水,可增加溶氧,亦可促进微生物生长。

(4) 刮风时水面出现泡沫　刮大风时,风浪使水面上出现泡沫,这表明池中溶解有机物质较多。发现这种情况,应查明投喂量是否过多,换水量是否充足,以采取相应的措施来解决。

3. 换水应注意的事项

换水是养虾过程中的基本管理工作。在封闭式或半封闭式的养殖期间,在前期和中期要较少量换水或不换水,到后期则要常换

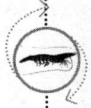

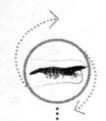

水,换水量按虾池底质和水质情况予以增减。一般半精养土池的换水必须注意以下几点。

(1) 及时更换和使用各期闸网　在养殖过程中,随着对虾个体的不断长大,考虑到换水量不断增大,应及时更换进、排水闸网。

①各期平板闸网网目规格一般是放苗后至虾体长到 2 厘米时为 60 目,3~5 厘米时为 20 目,9~11 厘米时为 8~12 目,12 厘米以上时为 5~8 目。在使用闸网时,进、排水流速不能太快,防止将虾逼在网上或把闸网冲破。为了减少流水对对虾的冲力,可在排水闸内侧插置一个呈半圆形的围网,网目大小因虾体大小而异。

平板闸网适用于放养密度较小的普通虾池。对于放养密度较大、底质和水质较差、换水量较大的虾池则不适用。

②在放养密度较大、底质和水质较差的半精养虾池,应配备进、排水锥形闸网。各期网目规格与平板闸网规格基本相同。为了增加后期换水量,当虾体长到 9 厘米以上时,可换成网目宽为 1 厘米的聚乙烯网片制成的锥形闸网。网身一般长为 7~8 米,网口宽与网闸宽相同,高度应比水面高 20~30 厘米。使用时,网尾摆向池内。用于排水的锥形网拉直后把网尾系在一根插于池内的木桩上加以固定,防止网尾倒挂使对虾被冲进网内造成死伤。

(2) 做好进、排水闸网的管理工作　进、排水闸网必须没有破损,应经常对进、排水闸网进行检查,特别是养殖中、后期,每次使用后应认真检查一次,发现破洞要及时修补。此外,还要经常进行洗刷,保持清洁,防止闸网因泥和杂物附着太多造成网孔堵塞,影响其流水和安全。

(3) 注意天气和潮汐的变化　为了充分发挥进、排水闸的作用,必须注意和掌握天气和潮汐变化趋势,争取最大限度地利用潮汐进行排灌。天气不好造成潮汐反常,不能利用潮汐排、灌时,应及时采用机械提水进行进、排水,并根据天气情况决定是否增减虾池蓄水量。

八、底质的改良

水质的突变主要是底质污染造成的,尤其发生在养虾的中、后期。有些虾池使用低劣配合饲料,造成虾池内大量有机物沉积,在细菌等作用下腐烂分解,消耗大量氧气,产生硫化氢等有害毒物。所以要定期(10~15天)施用底质改良药物,常用的药物有:沸石粉、白云石粉、石灰、光合细菌、有益微生物制剂。在这些药物中,最常用的是石灰,养殖使用的石灰有三种。

(1) 农用石灰($CaCO_3$) 主要是石灰石粉碎而得,主要成分是碳酸钙($CaCO_3$),可为藻类补充稳定的钙源,对pH值有缓冲作用,十分适合高位池使用,对稳定水质有良好作用。

(2) 熟石灰 石灰石经高温烧制而成,对pH值有一定影响,pH值高于7.5时不宜使用。

(3) 生石灰(CaO) 高温烧制,加水发生反应生成氢氧化钙,它能快速溶解细菌蛋白质膜,使其丧失活力,具有杀菌和中和池内酸毒作用。氢氧化钙遇到二氧化碳会反应生成碳酸钙,它又是一种较好的海水缓冲剂,能够调节海水pH值。为防止使用生石灰时对pH产生较大的影响,饲养过程中一般不要使用。

石灰的使用一般遵循以下原则:①pH值大于7.9时,换水后加农用石灰;②一天中pH值波动大于0.5时,换水后加农用石灰;③pH值小于7.5时,换水后加熟石灰调节;④水面上有气泡时,换水后用农用石灰;⑤水色发生变化时,换水后加农用石灰;⑥石灰用量一般为15~20毫克/升。

每天在07:00—08:00及16:00—17:00各测定一次pH值,日变化幅度一般在0.5以内。pH值低于7.8时,可使用熟石灰粉或白云石粉加以调节;若pH值高于9.0,可结合消毒、换水,施用白云石粉和异养型有益微生物制剂加以调节。

07:00—08:00采底层水样测定氨氮、亚硝酸盐氮、硫化氢和溶氧含量。溶氧量应保持在4毫克/升以上,若溶氧含量偏低,应通过调节淡水、换水、增加增氧机数量或开机时间加以调控。总氨氮含量高于0.5毫克/升,亚硝酸盐氮含量高于0.1毫克/升时,应通过调节水色、换水排污、施用沸石粉或使用有益微生物制剂等加以调控,以保持良好稳定的水质。

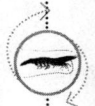

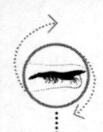

第二节　日本对虾健康养殖的营养与免疫调控

在对虾养殖整个系统中，饲料营养扮演了一个至关重要的角色，使用优质高效、营养全面、低污染、环保型的配合饲料是日本对虾无公害健康养殖的重要要求，保证对虾的营养需求，是直接关系到养殖成败的重要环节之一。

一、对虾的营养需求

对虾是杂食性的，其基础饲料主要为动物性饲料、植物性饲料及微生物饲料三大类，以及在这三大类的基础饲料上经研制而成的人工配合饲料，其中以动物性活饵最适于对虾的生长，养殖效果最好。

（一）动物性饲料

动物性饲料包括虾塘中自然生长的浮游动物、桡足类、枝角类、轮虫、螺类、钩虾、沙蚕等，这些动物可直接作为对虾的活饵料，也可以人工投喂，效果良好。

（二）植物性饲料

植物性饲料包括浮游植物，水生植物的幼嫩部分，浮藻、谷类、豆饼、花生饼、米糠、啤酒糟等，这些物质中含有丰富的蛋白质、B族维生素、维生素C、维生素E、维生素K、胡萝卜素和钙、磷等营养元素，是提高虾的生长速度的良好天然饵料。

（三）微生物饲料

在饲料开发利用中最重要的活菌制剂，是由一种或多种有益微生物为主制成的饲料添加剂。可在对虾体内产生或促进产生多种消化酶、维生素、生物活性物质和营养物质，可抑制病原微生物，维持消化道中微生物的动态平衡，是一类新型的饲料源。

（四）对虾的营养需求和饲料组成

1. 蛋白质

日本对虾对蛋白质的需求比淡水虾类要高，在仔虾、幼虾时期要求饲料蛋白质含量在 50%～54% 之间，蛋白质的氨基酸组成与对虾生长关系极大，必需氨基酸之间的平衡必须符合日本对虾的营养需求，如果不平衡，其吸收利用率低。饲料中必须要有与对虾自身蛋白质组成相似的氨基酸，只有在必需氨基酸同时存在的情况下，对虾才能将它们同化为与自身相同的蛋白质。不同发育阶段的对虾对蛋白质的需求量也有差别，一般说来仔虾所需求的蛋白质含量最高，幼虾次之，成虾较低。此外，不同种类的对虾对蛋白质的需求量也有差别。

①必需氨基酸与限制性氨基酸。对虾所必需的氨基酸有 10 种：苏氨酸、缬氨酸、甲硫氨酸、异亮氨酸、亮氨酸、苯氨酸、赖氨酸、组氨酸、精氨酸和色氨酸，必需氨基酸占氨基酸总需求量的 30% 左右。饲料中必需氨基酸的比例要与对虾肌肉所含的氨基酸相仿，以这种形式配的饲料可达到氨基酸的平衡，保证对虾长生。否则，对虾生长迟缓或停止。研究者发现，饲料中的赖氨酸与精氨酸、亮氨酸与异亮氨酸之间都具有一定的比例关系，两种氨基酸中任何一种使用过量，就会发生相抗，抑制对虾生长。

赖氨酸、蛋氨酸和苏氨酸在鱼粉中含量较低，会影响其他氨基酸的吸收，所以最好在饲料中添加 4%～5% 的血球蛋白代替鱼粉，弥补鱼粉中的不足，可以提高蛋白质效率和促进消化吸收。

②选用优质的动物性蛋白源。优质的饲料是指选用新鲜的、含有高蛋白质的鱼粉，另外，加上 4% 左右的血球蛋白代替部分鱼粉。经广州市嘉仁高新科技有限公司试验，结果认为在饲料中添加 4% 的干燥喷雾特殊加工的血粉（细胞膜已被破碎的红血球），是很易被吸收和消化的美味蛋白质，含粗蛋白质达 92.0%、粗纤维 0.5%、脂肪 2.0%、赖氨酸 9.0%（与对虾的赖氨酸含量 8.9% 非常接近，鱼粉只有 2.1%）。在对虾饲料中添加不同比例的红血粉代替部分优质鱼粉，可使饲料营养更接近对虾的必需氨基酸组成，保证对虾的健康生长。

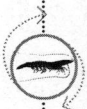

2. 碳水化合物（糖类）

①生理功能：提供对虾体内主要的能量物质。

②对虾对糖类的需求：对虾对不同种类糖的利用率由高到低依

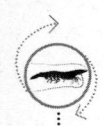

次为淀粉、蔗糖、葡萄糖。

③纤维素的作用：糖类摄入过多会积累在肝中，影响生长，在日本对虾饲料中加入2%～4%的纤维素，可促进肠的蠕动和蛋白质的吸收。

④特殊多糖的利用：功能性多糖主要有免疫多糖、微生物多糖、藻类多糖等。一般作为免疫增强剂添加在饲料中，有的虾农用菠萝汁拌喂，这是有道理的。

3. 脂类

①生理功能：脂类和高度不饱和脂肪酸是对虾生长发育所必需的物质，也是合成激素和维生素的原料。

②对虾对脂类的需求：一般以对虾中脂肪含量以6%为基准。对特殊脂类的需求如下：必需脂肪酸适量添加1%～2%；卵磷脂添加量为1%，有促进对虾生长的作用；胆固醇对促进生长和提高成活率有显著作用，一般以添加0.5%～1.0%为宜。

③添加脂类应注意事项：用量不宜过大，许多不饱和脂肪酸易氧化酸败而产生有害物质，所以在添加保存时应严格注意用量。

4. 维生素

①生理功能：对虾本身不能合成维生素，需求量虽小，但它是对生命活动具有重要作用的辅酶的组成部分，目前认为有11种水溶性维生素和4种脂溶性维生素，是对虾所必需的，长期缺乏可导致对虾发育不良，甚至发病死亡。

②根据对虾对维生素的需求量，配合饲料中维生素混合物的比例为2.5%～4.0%，其中维生素C的添加量为0.3%，维生素E的添加量为40毫克/升。

③添加维生素C时需注意的问题：维生素C在对虾生理活动中具有极为重要的作用，维生素C可解毒，有促进蜕壳、伤口愈合等功效。但维生素C遇光、热、温、矿物元素及贮存时易破坏，由于添加维生素C原粉成本高、效率低、残存量不易估计等缺点，目前公认采用稳定型维生素C衍生物和包膜维生素C为佳。虾农喜欢用杭州市高成生物营养技术有限公司研制的包膜"高稳西"维生素C，具有含量高、稳定性强、不易破坏等优点。

5. 矿物质

①生理功能：是对虾甲壳结构必需成分，是构成酶、激素等的成分和辅助因子，是酶系统的重要催化剂，构成某些软组织。

②矿物质的需求量：对虾可从水中吸收部分矿物质，有的必须从饲料中获得。

钙与磷的添加量为1%～2%。中国对虾钙磷比为0.588:1，日本对虾为1:1，斑节对虾为1:1.7。磷和钙对虾类是很重要的，对虾的外骨骼由含有大量钙质的甲壳质构成，每次蜕壳可能有些矿物质流失。营养学家研究了对虾磷和钙的含量指出，当饲料含磷为1.04%、钙为1.24%时，虾的增长率最高，有些学者认为饲料磷与钙的比例约为1:1为宜。但是，当钙添加量过多时（超过2.8%），会减缓对虾生长速度，出现对虾甲壳变薄、体弱、肉软等现象。

其他元素，建议每千克饲料添加铜25～53毫克、钴50～75毫克、碘30毫克、锌100～200毫克、锰60～80毫克，硒20毫克。

二、营养添加剂在养殖中的应用

1. 在对虾养殖病害流行期间以及酷暑高温季节中的营养

在虾病流行期及高温季节，除坚持选用优质饲料外，为增强对虾体质，改善其抗应激能力，一般需在饲料中添加强化营养物质。

①每千克饲料中添加2～3克杭州市高成生物营养技术有限公司生产的"高稳西"维生素C。

②每千克饲料中添加0.2～0.5克维生素E。

③每周投喂2～3次由广州市嘉仁高新科技有限公司研制的"鱼虾壮元"。

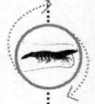

④在饲料中添加"加强型利生素"等（广州市欣海利生生物科技有限公司研制）有益微生物制剂。

2. 添加剂

所谓添加剂是指在配合饲料中加入一些补充的营养成分，以及为提高饲料利用效率和满足对虾生理活动所需要的一些物质。其中包括与对虾蜕壳有关的激素和磷脂类物质、预防虾病的一些中

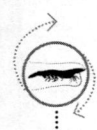

草药、提高对虾摄食效果的引诱物质等。有针对性地添加一些有效成分，可以充分发挥各种营养物质的吸收和利用效果。

3. 饲料中添加营养物质的方法

首先，要把所要添加的营养物质用水溶解，按所需要的量喷洒在将要投喂的饲料中，约15分钟后，再喷洒用水稀释的蛋白清，拌均匀后即可投喂对虾。

4. 关于鱼油和鱼肝油

①鱼油一般含有游离脂肪酸15%，其中不饱和脂肪酸为1.60%~1.94%，远比植物油高，同时也富含维生素A、维生素D，缺点是容易酸败变质，过期的切勿使用。

②鱼肝油是水产动物的肝油浓缩维生素A的副产品，品质稳定，含有维生素A、维生素D，以新鲜的质量为佳。

③喷油剂和蛋白清的主要作用是防止添加的营养物质流失，可补充饲料中的不饱和脂肪酸，同时可起到包膜营养物质，即黏附的作用。选用的油类一定要新鲜，过期变质的千万不要选用。

5. 添加营养物质应注意的问题

①添加微量的营养物质时，一定要充分搅拌均匀，不能在阳光下晒。

②要注意各种营养物质之间的相互作用。

③在应用营养物质时不要盲目添加，并非添加越多越好，否则会适得其反，一定要对症下药。

④注意不要污染水质，要保持水质稳定。

三、对虾免疫与营养

（一）对虾的免疫系统

正常海水中存在多种病原菌，虾池底质污染严重、池水富营养化的虾池中，病原菌就更多，给养虾业带来很大的威胁，但是，正常的对虾体内存在着各种抗病因子，而且具有一定的免疫力。

当前国内外许多学者的研究成果表明，对虾的免疫力大致包括血细胞的吞噬、包囊、凝集以及体液因子的杀菌活性等。因此，正常的对虾并不感染病害,一旦对虾生活史出现异常情况,如环境恶劣,底质污染,病原菌数目剧增,温度、pH 值、溶氧、氨氮等水质因子剧变,对虾体质减弱时,造成对虾的免疫功能低下,使致病菌侵入并感染成为可能,引起对虾发病。

尽管病因不同,但对虾的免疫力低下是对虾发病的根本原因,提高了对虾免疫力,也就是从根本上提高了对虾应付恶劣环境和病害的能力。对虾免疫力受多种因素影响,外因包括水环境的改善,保持良好水质的稳定,避免超密度养殖等;内因包括对虾营养的均衡、免疫促进剂的介入等,目前,国内、外在这方面的研究与应用都已取得一定的进展。

(二)营养因子与免疫调节剂

在增强对虾免疫力的研究方面,根据国内外营养及免疫专家多年的研究结果,认为许多微量营养物质有利于对虾免疫功能的增强及对虾的健康。

1. 多糖

20 世纪 60 年代以来发现的广谱性免疫促进剂,目前在国内、外均已得到普遍重视。根据研究和实验结果,多糖可激活对虾体内免疫系统,从而对各种病原起到抑制和杀灭作用。最新研究证实,某些多糖可直接抑制养殖动物体内的病毒。

目前,已有将多糖应用于对虾养殖的实例,如日本 TAITO 株式会社的 VST 和中国科学院海洋研究所的 IPS 等。

(1)免疫多糖的组成成分 免疫多糖包括海洋及陆地来源的多种免疫活性多糖提取物、免疫多糖的免疫佐剂、诱食因子、促生长因子,不含有任何化学药品及抗生素,可以增强对虾自身的免疫功能。

(2)生产技术 生物化学技术及微生物工程技术。

(3)作用原理 多糖 $\xrightarrow{添加}$ 饲料 $\xrightarrow{口服}$ 对虾 $\xrightarrow{激活}$ 对虾免疫系统 $\xrightarrow{提高}$ 自身免疫抗病力——防治病害。

(4)主要功能 激活细胞免疫系统,增强血细胞吞噬病原菌的活性;提高无脊椎动物血淋巴中抗菌、溶菌活力以及酚氧化酶

（PO）、超氧化物歧化酶（SOD）等的活性；保护肝胰脏，增强其解毒和转化能力；刺激动物细胞分裂和蛋白质合成，从而明显地促进虾的生长和增重效果；刺激水产动物的化学感受器，引诱动物摄食，从而提高饵料利用率。

（5）多糖的作用和特征 ①多糖不直接显示细胞毒性，通过活化宿主的免疫机能，显示机体的防御效果，无任何副作用；②多糖能活化吞噬细胞的吞噬作用，促进机体的排异反应，经活化的吞噬细胞可迅速处理入侵机体的细菌和病毒；③多糖可提高机体应激反应能力和改善吞噬细胞机能；④多糖不仅具有安全性，而且在水产品中无残留物；⑤多糖不容易消化，具有食物纤维的效果。

（6）投喂与投喂方法 为使对虾有较强的抵御病害的能力，每千克体重的虾，每天可摄食50毫克以上的复合多糖，即在饲料中按2.5%的比例添加多糖即可满足上述要求。

免疫实验结果表明，被激活的体液因子和细胞吞噬活性，可保留5～6天。因此，投喂方法可分为两种：其一，间隔时间为5天，即投喂5天含多糖的饵料，再投喂5天普通饲料，以此间隔投喂饲料贯穿于整个养殖过程；其二，连续投喂，更为可靠。

（7）特殊情况下复合多糖的用法 复合多糖有提高对虾机体抗应激反应能力的作用，所以养殖生态环境发生突变时，停止间隔投喂多糖饲料，改用连续投喂含量为3%的复合多糖饲料，有下列情况之一者应及时采取这一措施：①用消毒剂或其他药物处理水质时；②大风使池水变混浊的情况下；③暴雨使池水盐度突然降低；④池水水温发生剧烈变化；⑤池水溶氧量偏低；⑥水色突然发生变化，pH值下降。

2. 维生素C

1994年12月颁布的由农业部渔业局制订的最新《中国对虾养成技术规范》中，明确建议在对虾饲料中添加0.3%～0.4%稳定性好的维生素C，以防治对虾的病毒病、黑白斑病等。维生素C可提高对虾的免疫功能，具有防治坏血症，提高存活率，加快生长速度，防止饲料内脂肪氧化，促进对虾伤口愈合和解毒的作用。

目前维生素 C 产品有多种，但大致可分为三类。

（1）原粉　由于维生素 C 对光、热、氧、矿物质等极为敏感，因此，维生素 C 原粉在饲料加工及贮存中会受到很大破坏而流失。

（2）维生素 C　磷酸酯或硫酸酯稳定性好，但有效维生素 C 含量往往很低，且价格较高。

（3）包膜维生素 C　由杭州市高成生物营养技术有限公司生产的"高稳西"维生素 C，可与空气及矿物质等隔绝，稳定性大大提高，且维生素 C 有效含量较高，是国内高新科技的新产品。

（三）微生物活性物质

多种微生物含有大量酶类、高度不饱和脂肪酸及多种维生素等，对对虾的健康生长起到很大的作用，这已被实验所证实。

目前，微生物活性物质在国内使用较多，如芽孢杆菌、光合菌、乳酸菌等。另外，不少厂家已研制出多种微生物制剂，如广州市欣海利生生物科技有限公司研制的"利生素宝"等，含有多种有益微生物的混合物，适量添加于饲料中有提高饲料转化率、增强对虾免疫力、促进对虾生长等功效。

四、对虾营养与养殖的关系

饲料是对虾健康养殖的物质基础，是对虾养殖成败的重要环节，高效优质饲料能保证对虾营养的全面需求，满足对虾生长所需能量消耗和机体发育代谢的需要，同时能增强对虾的免疫力，提高抗病力，使对虾迅速健康生长。优质的饲料配方需要分析养殖对虾自身的蛋白质结构，进行对蛋白源和各要素的合理科学的配比，具有营养互补作用，可有效提高饲料的营养价值，其特点如下：①对虾饲料主要着重选择优质的动物性蛋白源。②在研制配合饲料过程中要对其脂肪、碳水化合物进行科学配比，这些成分是组成生物细胞不可缺少的，且能提供大量热能。另外，维生素和矿物质也是不可缺少的，若饲料中缺乏磷脂会引起对虾代谢紊乱、生理机能障碍和内脏器官发生病变。合理的钙磷配比可以促进对虾甲壳钙化，蜕壳正常，加速其生长、发育。营养全面的高蛋白饲料，可使养殖对虾度过虾病流行期而不发病。所谓高效优质饲料营养的利用，是指对虾吸收利用营养成分的过程，其流程

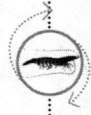

如图 4-1 所示。

$$对虾摄食饲料 \xrightarrow{酶} 消化分解 \longrightarrow 吸收营养 \begin{cases} 合成自身所需物质 \\ 进行虾体组织更新与修补 \\ 维持身体正常生理功能 \\ 提供机体运动和生理活动所需能量 \end{cases}$$

图 4-1　对虾吸收利用营养成分流程

在集约化高密度养殖条件下（我国华南地区称为高位池养殖），以封闭式或半封闭式养殖对虾，使对虾的生理状况及环境条件发生了较大变化。因此，养殖业者对养殖的对虾营养需求必须要有较全面的了解，为对虾提供营养全面的优质饲料，这不仅是维护对虾健康成长，也是增强养殖对虾抵抗疾病能力的关键。科学试验和生产实践证明，低劣不良的饲料和营养不全面的饲料，不仅无法提供对虾成长和维持健康所必需的营养成分，而且会导致对虾免疫力和抗病力下降、污染水质，直接或间接地造成对虾死亡。因此，对虾的营养问题是健康养殖中不容忽视的关键之一。

1. 对虾养殖的饲料营养与病害

对虾养殖整个过程中的虾塘结构、清池、消毒、纳水、肥水培育生物饵料、水环境调控、种苗选择、合理放苗、选择优质高效的配合饲料与科学投喂、日常生产管理、病害防治等形成了一个系统工程。

对虾养殖必须建立在无公害健康养殖模式的基础上，保持种苗和水环境的稳定，而且选择优质的饲料非常关键。因为日本对虾生长快，必须有优质高效饲料作为物质基础。

饲料是对虾生长的物质基础，是影响对虾养殖的重要环节，投喂优质饲料可以缩短对虾的养殖周期，消除或减少对虾病的危害，取得好的经济效益。用便宜的低劣饲料，蛋白质含量低，达不到标准，影响对虾的正常生长，还会造成池底有机污染物不断增加，导致有害细菌的大量繁殖，引发白斑综合征等病害的流行，而且会影响下一造的养殖，造成很大的经济损失。

所以，养殖日本对虾一定要选择高效优质的配合饲料，以确保养殖成功。

2. 饲料质量在养殖中的作用

饲料质量的优劣直接影响到养殖的效果,饲料质量可从两方面影响疾病的发生。

一方面,饲料质量低劣,虾不摄食,吃不完饲料,饲料溶出物成为池塘水的污染源,直接影响水质,池底发臭、变黑,间接地影响对虾生理状态及免疫力。如果饲料变质或用发霉的蛋白源,如发霉的花生粕含有黄曲霉素,会导致对虾中毒。黄曲霉素是致癌物质,不但虾会致病,如果人吃了这种饲料养殖的虾,也会影响人体健康。

另一方面,饲料是对虾的主要营养源,饲料是否满足对虾营养要求,直接影响对虾的生理状态及免疫力。摄食优质饲料虽然不能保证对虾不生病(因为还有其他因素可以使虾生病),但使用劣质饲料对虾肯定不会健康,为病害流行创造了条件。

对虾的养殖过程中,从虾苗入池就要选择高效优质的高蛋白质饲料,促使对虾生长快、活力强、成活率高,给养殖打下基础。在中期虾体对蛋白质的需求虽然比幼虾低,但饲料中蛋白质量也不能低于40%。有了足够的蛋白质和营养,提高了对虾抗病力,虾一般情况下不会生病,因此,饲料营养是关键。

五、配合饲料质量对虾池水环境的影响

饲料的质量问题是一个非常重要的环节,对虾配合饲料中动物蛋白和植物蛋白的含量是否合理,原料的新鲜度检测及加工等一系列措施是否达到标准,都会对对虾养殖产生影响。

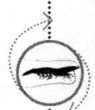

1. 配合饲料质量的鉴别

①颗粒表面要光滑、无裂纹,粒状大小均匀,粉末少,破碎不得超过1%,且不含杂质,不能有霉味或异味。

②营养丰富,蛋白质含量不低于40.0%,动物性蛋白质要高于植物性蛋白质;脂肪含量大于3.0%,粗纤维小于4.0%,粗灰分小于15.0%,水分小于12.5%,钙和磷比为1:1.7左右。

③稳定性好,耐水性好,在水温为25~30℃的海水中2~3小

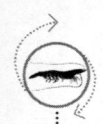

时不溃散，粉碎粒度要细，粉末粒度必须全部通过 80 目筛。

④具有新鲜芳香的鱼腥味，无怪味，引诱性强。

⑤饲料系数在 1.5 左右。可利用几个厂的饲料，分别投入几个池进行比较，经过 7~14 天后便可根据虾的生长情况确定饲料的优劣。

2. 饲料质量对虾池水体理化因子的影响

养虾池本身是一个小型的人工生态环境，虾池生态环境的好坏直接关系到养殖的成败。优化对虾养殖环境的关键是增加养殖池底和水体中的溶氧量，保持水环境的稳定性，减少水质恶化和底质污染程度，尤其是高位池养殖底质保持稳定显得更为重要。

劣质的配合饲料对虾厌食，多沉于池底，经长时间浸泡在底层发酵、发酸、发黑、发臭，使底层氧化层越来越稀薄。而下层缺氧部分，产生了大量的氨氮、硫化氢等有毒物质，使底质恶化。虾池底层堆积了厚厚的黑色还原层，导致有害细菌大量繁殖，整个虾池的生态系统被破坏，诱发虾病。所以，饲料质量的优劣直接影响虾池底层的生态环境。

何建国教授等（1999）阐明了水体理化因子与 WSSV 在对虾体内感染的关系，进而确定了水体理化因子诱发 WSSV 由潜伏感染转为急性感染的条件，从而为控制 WSSV 的爆发流行提供了理论依据。

从 WSSV 与水体理化因子关系可见，水体理化因子的恶化明显地影响对虾潜伏感染病毒 WSSV 在对虾体内的感染度，并使潜伏感染转为急性发作，当对虾体内 WSSV 数量升高到一定值时，即转为急性感染期，导致对虾白斑综合征的爆发流行。

防控对虾白斑综合征，一定要把好饲料关，必须认真选购优质、营养全面的饲料，选用配合饲料养虾已势在必行，各地也有不少成功经验。目前普遍存在对虾养殖后期难蜕壳、生长速度慢、对虾个体大小不均匀、不饱满、肉质不结实、体色差等问题，显然这是因为饲料中缺乏对虾生长所必需的促生长因子。不少厂家只考虑配方中大成分的营养，难以达到氨基酸的平衡。因此，必须从饲料科学研究着手，研制营养全面、配方科学、高效优质的饲料，以增强对虾本身免疫力，这是目前对虾养殖发展中非常重要而现实的问题。

第五章 日本对虾常见病害及防治

内容提要：对虾发病的原因；对虾病害的预防；对虾常见的病害及治疗。

日本对虾在我国南方沿海作为秋季与冬季海水养殖的品种，养殖户的虾塘大部分都在年内已经养过 1～2 造斑节对虾或南美白对虾，养殖后再匆匆忙忙清晒或未经清晒就急于放苗，甚至在发生过病害的虾池也是如此，极易引起虾病。老化以及清塘除害不彻底的虾塘不适合养殖日本对虾，若勉强放苗，会导致含病毒的池底底泥传播病毒，加上对养殖的苗种缺乏严格的检疫措施，忽视苗源带病菌的因素而盲目放苗，许多虾塘放苗不到 1 个月就出现病害，最终养殖失败。对虾病害是指对虾的疾病和敌害两方面。疾病可分为：①由生物引起的疾病，如病毒病、细菌病、真菌病、寄生虫病和某些其他生物引起的中毒病；②由非生物引起的疾病，如机械损伤，物理性刺激（如冻伤），化学性刺激（如农药毒害），缺乏虾所需的物质引起的营养缺乏、饥饿等。敌害是指会捕食或伤害对虾的鱼类等生物。

第一节 对虾发病的原因

对虾发病由如下三个方面的因素所造成。
（1）病原生物入侵 病原生物在对虾体内存在是发病的主要

原因。病原体入侵的方式有：从虾的鳃部进入、从伤口进入、吃入带病原体的饵料后从消化道进入等。

（2）对虾本身的因素　不同个体，同个体不同发育阶段的虾抵抗疾病的能力不同。这与对虾的遗传、日龄、性别、食性、营养有关。如用种质退化的、带病的亲虾繁殖的幼体与在高温环境中或用抗生素药物培育出来的虾苗，在虾塘饲养时抗病力差，成活率低，发病多。

（3）虾塘环境因素　主要是水的物理、化学和生物因子，如水温、盐度、酸碱度、溶氧量、弧菌数量等，这些因子在水质不良或突然变化或恶化时，虾会出现应激反应，即因不适应而发病。

第二节　对虾病害的预防

做好防病工作，是对虾密养、高产、高效益的重要措施之一。对付虾病要全面预防、快速诊断、及时治疗。应做到无病先防，有病早治，对症下药。预防虾病的内容有如下几点。

（1）改善对虾的生态环境　①采用物理、化学方法改善生态环境，如开动增氧机、施用降碱剂、亚硝酸盐降解剂等；②采用微生物调控方法改善生态环境。

（2）增强对虾机体抗病力　①建立对虾原种、良种场，培育抗病力强的新品种。建立和健全亲虾的检疫制度；②提高配合颗粒饲料的质量、水平，做到科学投饵。政府部门要加强对饲料生产厂家的监督和管理；③加强对虾的人工免疫。

（3）控制和消灭病原生物　①清淤泥；②泥土消毒；③用60~90目筛网过滤进水，不盲目进水；④水源管理，建海水净化蓄水塘，水消毒；⑤装增氧机；⑥颗粒配合饲料中加入防病剂，提高饲料水平，鲜活饲料消毒，科学投料，避免出现残饵；⑦虾塘水质、底质改良；⑧各种虾病的早期预防、快速诊断和及时治疗。

第三节 对虾常见的病害及治疗

一、生物性病害

生物性病害亦称为生物因子致病,其致病生物包括病毒、细菌、一部分真菌和原生动物。此外,还有捕食生物引起的生物性敌害。在养殖过程中虾池可能会出现捕食性敌害生物,其中危害性最大的是甲壳类中的脊尾白虾和鱼类。一旦发现养殖池中有捕食性敌害生物,应立即进行清除。

(一) 病毒性疾病

该病是因病毒感染而引起的疾病。病毒病一旦发生,将给养殖带来严重的危害,必须要加强预防。下面对日本对虾常见的病毒性病害予以介绍。

1. 日本对虾中肠腺坏死杆状病毒病

中肠腺坏死杆状病毒(baculoviral midgut gland necrosis type virus, BMNV)是1981年由Sano在日本对虾中发现,属杆状病毒科,无包涵体,肠感染病毒。该病发生在日本对虾幼体。病虾中肠腺白浊,活力差,漂浮在水面。该病毒可以随死亡的上皮细胞破碎后放出病毒粒子,感染其他上皮细胞,在病虾晚期肉眼可见其肝胰腺变白,被感染的病虾苗从腹部可见到肝胰腺和中肠腺变白混浊。同时可能有革兰氏阴性菌并发感染,其对成虾的危害相对较小。一般用显微镜采用"暗视野观察法"来诊断此病。该病曾造成日本的日本对虾和澳大利亚的斑节对虾幼虾苗损失惨重。在亚洲东部及东南部也有发现。我国在广东省湛江市郊区的日本对虾养殖场也有发现。

该病目前尚无特效药物可医治,必须采取预防措施。

2. 肠呼吸道病毒病

肠呼吸道病毒病也称为类呼肠孤病毒(reo-like virus, REO)于1987年由Tsing和Bonami在日本对虾中发现,隶属于呼肠孤病毒科(Roviridae)的水生呼肠孤病毒。REO常与别的病原(病毒、

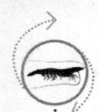

真菌或细菌)并发,造成综合征状。病虾厌食、嗜睡、活动能力差,体表与鳃的附着物增多,腹部肌肉混浊,常并发细菌感染。肝胰腺变白、萎缩或坏死,但不是其特有症状。

防治方法:对亲虾必须严格进行检疫,以防带进病原,对已被感染的病虾要进行清除,降低养殖密度,对养殖池及工具必须进行消毒。

该病主要以防为主,至今未有有效的治疗药物。

3. 传染性皮下及造血组织坏死病

传染性皮下及造血组织坏死病毒(infectious hypodermol and hematopoietic necrosis virus,IHHNV)于 1983 年由 Lightner 首次报道,属细小病毒科。该病毒感染外胚层组织,如鳃、表皮、前肠和后肠上皮细胞、神经索、神经节和中胚层器官,如造血组织、触角腺、性腺、淋巴器官、结缔组织、横纹肌,在宿主细胞核内形成包涵体(彩图 10)。

该病毒病是一种慢性病,病虾身体变形。成虾个体大小悬殊,有许多虾体很小,但死亡率不高,养不大,损失比虾死亡还大,因病虾一直要吃饲料,同时也浪费水电及人力等,如发现,应当机立断及早处理。

该病毒病在美洲和亚洲大部分地区流行。

4. 白斑综合征

白斑综合征杆状病毒复合体(white spot syndrome baculovirus complex,WSBV)侵犯的组织广泛,可谓全身性感染,包括皮肤上皮、消化系统上皮、淋巴器官、触角腺等,受感染的虾死亡率高。患此病的虾活动力下降,在池边慢游或伏卧,不摄食,空胃,反应迟钝,体色正常或变为暗褐色,病虾的头胸甲易剥开,腹部容易揭开而不连真皮(彩图 11)。病虾甲壳上有白色圆点,以头胸甲处最为显著,严重者白点连成斑(彩图 11)。病虾第二触角大部分折断。鳃发黄、肿胀、肝胰腺肿大、颜色变淡、糜烂,可在几天内大批死亡。

环境条件是诱发该病的主要因素。24~28℃的水温条件下易发白斑病,因此,北方初夏、秋季,南方水温较低的第一造即春末至夏初和第三造的冬初易发生此病；水中溶氧的下降也是白斑病爆发的主要环境因子，当阴天和下雨都会因氧的分压下降及浮游植物光合作用减弱而降低水中的溶氧；浮游植物大量死亡使水中失去造氧来源；浮游动物大量繁殖，也能使池水溶氧降低。因此，天气闷热（南方寒潮，冷空气南下或台风过后），连续阴天、暴雨，池中浮游生物大量死亡，水色变清，池底水变坏时就要警惕白斑病爆发。水质和底质污染与恶化，不仅会分解出大量有毒物质，而且有机物还会大量消耗溶氧，若增氧机停机，池中溶氧下降，2～3天虾便会出现白斑病症状，对虾爆发性死亡。目前尚无特效药物可治此病，以防为主，应保持水质良好稳定，增加营养，提高对虾抗病力和免疫力，经常注意底质，可使用沸石粉和微生物制剂。

（二）细菌性和真菌性疾病

细菌性和真菌性疾病是由细菌和真菌感染引起的疾病。在日本对虾养殖的诸类病害中，此类疾病发病率最大。

细菌性和真菌性疾病可以分为体表局部、体内局部、全身性败血症三种。

体表局部：表现为躯壳、附肢等体表发生溃烂，如断须病、烂眼病等。通常是由产生溶解几丁质酶素的细菌感染而形成外壳的局部穿孔，然后再侵入体内，引起体内局部炎症反应。如感染未能被有效制止，则可演变成全身性败血症死亡。

体内局部：细菌或真菌侵入虾体内膜、鳃、肌肉等组织，造成局部性感染病菌而形成脓疡，如白斑病、褐斑病、黑鳃病等，严重者可以造成死亡。

全身性败血症：表现为虾体变色，鳃变色或变烂，尾烂等，如红腿病、红鳃病、烂尾病等，主要是由病原菌侵入体内淋巴液、血液及各个内脏器官所致。对虾在水中生活，摄入各种浮游生物，在身体内外积存了许多细菌，很容易引起二次细菌感染，从而导致虾病发生，病虾死亡率高。

针对具体病症及防治方法做以下介绍。

1. 烂鳃病

病虾鳃部变黑或棕黄色，鳃丝肿胀，并附着大量污物，外观软塌而脏，从边稍向基部坏死、溃烂，有的发生皱缩或脱落（彩图12）。病虾活力及食欲逐渐降低而陆续死亡。本病主要发生在池底环境污物和烂泥大量沉积或受到重金属、矿物质等污染的虾池，虾的鳃部易附着杂质，受真菌或细菌侵入，引发此病。

防治方法：①改善底质和水质，可用底质和水质改良剂，如沸石粉和微生物制剂；②可用漂白粉杀菌，在3天内连续使用2次，第一次用量为1.0毫克/升，第二次用量为0.5毫克/升；③高锰酸钾溶于水中制成溶液，以1.0~2.0毫克/升浓度全池泼洒，施药2小时后换水（水源不足时，不宜用）。

2. 黑鳃病

病虾鳃部由黄色、褐色变成黑色，呼吸困难，活力差，食欲下降，严重时体呈黑色，壳软，活动困难，最后因身体衰竭而死亡（彩图13）。

本病主要由镰刀菌感染所致。该菌侵入对虾鳃组织内刺激鳃丝产生黑色素，使黑色素沉积而变黑；该菌还可入侵虾的附肢及全身的真皮组织内，使附肢及甲壳也受感染而变黑。镰刀菌属的新月孢子菌是常见致病菌，特别是在高密度养殖中感染率高，死亡率较高。此外，细菌入侵和重金属中毒也可以使对虾发生黑鳃病。

预防方法：控制放养密度，保持良好的底质和水质，在饲料中添加杭州市高成生物营养技术有限公司研制的"高稳西"维生素C以及投喂"鱼虾壮元"增强对虾的体质，预防病菌感染。

治疗方法：①用0.2毫克/升的二氯异氰尿酸钠泼洒全池，防止该病爆发；②施用茶子饼20~30毫克/升全池泼洒，促使病虾蜕去带菌壳体及鳃部致病菌，对于底质较差的养殖池应加施石灰25~35毫克/升或每亩施放沸石粉30~50千克；③由重金属中毒引起的黑鳃病，可加大换水，并添加柠檬酸。

3. 红鳃病

病虾体色正常或微红，鳃部呈红色，因病情轻重而由粉红色、红色至深红色不等。病虾前、中期仍能正常游动及摄食,后期活力差,静伏于池底,容易用手捕捉,摄食减少或停止,逐渐衰弱而死亡。

本病主要是虾池长期缺氧及弧菌侵入虾体血液内而引起的全身性疾病。生活在长期缺氧或不良环境中的对虾,体质较弱,当鳃部组织受损时,容易遭受细菌二次感染。

防治方法:保持池中有足够的溶氧,可用二氯异氰尿酸钠0.2毫克/升全池泼洒,也可用1.0毫克/升漂白粉全池泼洒,可防治细菌性病。

4. 红腿病(败血病)

病虾附肢变为红色或暗红色,腹部白浊,背部弯曲。有的病虾体表甲壳有黑色溃疡斑点;鳃有时呈现黑斑,或红色、灰色及土黄色;鳃组织变厚,脆弱易破损或空泡变性(彩图14)。病虾行动缓慢呆滞,离群独游,不能控制方向,昏头转向,时而在水面打转,时而在池边爬行。重者倒伏在池边,不进食,发病后2~4小时开始死亡。

该病是由一种弧菌侵入虾体血液而引起的全身性疾病,其中有副溶血弧菌、鳗弧菌和海鱼弧菌等,致病菌使虾体血液中血球数目减少,凝血时间延长,各部位受到破坏,使病虾的摄食、消化、呼吸都随病情加重而愈加困难,故得病后的虾不久便死亡。

一般虾池有少量弧菌,当营养不良或环境恶化时,池虾抗病力下降,弧菌大量繁殖,便诱发病害。例如放养密度过大、投饵过量、饲料质量差、换水不及时及底质恶化,都能诱发该病的爆发和流行。该病感染率有时高达100%,死亡率达90%以上。

防治方法:彻底做好清塘消毒、合理放苗、科学投饵以及水质管理等各个环节,以保持良好稳定的水质环境,防止该病的发生。具体措施包括以下几点:①调控好水质,早期要加强投喂营养物质和少量鲜活饵料,以增强对虾体质和抗病力;②养殖池水可用2~3毫克/升漂白粉消毒杀菌;③养殖中、后期要注意改良底质,每亩可放30~50千克沸石粉,并施放光合细菌等微生物制剂;④按饲料重量的1%~2%拌入捣烂的大蒜投喂,连用3~5天;

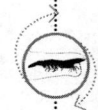

⑤在饲料中添加 0.2% 的土霉素，投喂 5~7 天为 1 个疗程。

5. 烂眼病

病虾眼球肿胀，由黑色变为褐色并逐渐溃烂，严重时眼球烂掉，只剩下眼柄（彩图 15）。随着病情加重，全身肌肉发白，行动呆滞，常匍匐于池边或水草上，有时上游到水面旋转翻滚，病虾大多在一周内死亡。

该病由非 01 群霍乱弧菌侵入虾体及眼球内引起，主要流行于低盐水域，其发病率与水中致病菌数量的多少有关。

防治方法：改善水质，保持环境稳定，全池用 1 毫克/升漂白粉消毒；饲料中添加 0.1% 的复方新诺明，连喂 7~10 天。

6. 断须病

病虾第二触角（俗称触鞭或触须）出现溃烂，呈断须状。一般病情的虾游动和摄食正常；严重的病虾触须全部烂掉（彩图 15），摄食量减少，生长停止，甚至死亡。

该病由弧菌侵入虾体所致，流行于高温低盐的虾池中，是秋季养殖日本对虾的多发病。

防治方法：①保持养殖池良好的底质和水质环境，减少池中致病菌的数量，避免在高温期放苗；②用 20~30 毫克/升茶子饼全池泼洒，停止向池中排藻水 1~2 天，对虾进行药浴，促使池虾蜕去带菌的壳体；③施用 1 毫克/升漂白粉消毒杀菌。

7. 烂尾病

病虾尾扇溃烂、坏死、缺损或边缘变黑色，部分尾扇末端肿胀，内含液体。病虾初期仍能正常摄食和游动，溃烂严重时可致死亡。本病多发于秋、冬季，成虾较多见。

该病由分解几丁质的细菌及其他细菌感染所致，放养密度过大、水质不良、底质老化、用药过量或滥用药物等因素刺激，引起池虾冲撞受伤或蜕壳时互相蚕食造成尾部受伤，导致细菌二次感染。

防治方法：①可用二氯异氰尿酸钠 0.2 毫克/升全池泼洒；②用茶子饼 20 毫克/升或用 25~35 毫克/升石灰药浴 5 小时。

8. 细菌性白斑病

病虾开始在头胸甲的触角区、心鳃脊及心区、腹部每节甲壳的后下缘出现白斑,继之变为黑斑而死亡(彩图16)。病虾多死于深水中。

该病主要由细菌感染所致。放养密度过大和投喂质量差的饲料造成底质严重污染是发生该病的原因。

防治方法:①改善虾池环境,施用微生物制剂调控水质,减少病害发生;②投喂"健虾宝",增强营养,提高抗病力。养殖户要根据养殖情况确定用法、用量,具体可咨询广州市欣海利生生物科技有限公司。

9. 褐斑病

病虾体表甲壳和附肢上有黑褐色或黑色的斑点状溃疡,斑点的边缘较浅,稍白;中心部凹下,色稍深。病情严重者,溃疡达到甲壳下的软组织中,有的病虾甚至额剑(虾的额角剑突)、附肢、尾扇也烂断,断面呈黑色。虾在溃疡处的四周沉淀黑色素以抑制溃疡的迅速扩大,形成黑斑。致病菌可以从伤口侵入虾体内,致使虾感染死亡。

该病病原主要是弧菌属或气单胞菌属细菌。我国台湾学者认为病原为产生脂酶、蛋白酶和几丁质酶的几种细菌。在此类菌单独或共同侵袭下,造成虾壳溃蚀损害形成褐斑病。

防治方法:与细菌性白斑病相同,主要包括如下几点。①保持水质稳定;②以漂白精或二氯异氰尿酸钠0.2~0.5毫克/升(水体浓度)全池泼洒;③每千克饲料用氟哌酸0.5克或土霉素2.0克拌饵投喂。

(三)寄生原虫和藻类附着引起的疾病

当虾池内的聚缩虫(*Zoothamuium* sp.)、钟形虫(*Vorticella* sp.)、吸管虫(*Acineta* sp.)和裸甲藻(*Gymnodinium* sp.)、膝沟藻(*Gonyaulax* sp.)、夜光藻(*Noctiluca scintillans*)、丝藻(*Ulothrix* sp.)等寄生原虫和藻类大量附着在对虾的甲壳、鳃部及附肢时,便会破坏对虾的气体交换、游泳、摄食和蜕壳机能,使池虾生长停滞。有些症状在虾池缺氧时可引起大量死亡。

1. 黄鳃病

病虾鳃部随病情轻重由浅黄、橙黄至土黄色(彩图17)。病情

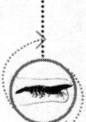

轻时,活力及摄食量正常;重时,行动呆滞,摄食量减少以至停止摄食,造成生长缓慢。

该病主要病原体是外共生性纤毛虫壳吸管虫和缘毛虫,与裸甲藻、夜光藻一起,附着于虾的鳃部。由于虫体黄色,故病虾的鳃组织呈黄色。病原体附着鳃部后,引起池虾呼吸困难、体质下降,以致细菌二次感染。在虾池水质不良情况下常发生,是养殖日本对虾的多发病之一。

防治方法:①加强水质管理,可把透明度控制在水深的1/2;②经常用沸石粉改良底质;③用0.2毫克/升的二氯异氰尿酸钠消毒虾池;④投放光合细菌或微生物制剂,按说明使用。

2. 聚缩虫病

病虾体表被蒙上一层浅黄色的毛状物,严重感染者游泳呼吸和摄食困难,肌体瘦弱,甲壳变软,生长停滞,长久不蜕壳,镜检可看到虾鳃和体表有大量聚缩虫附着(彩图18)。病虾在池水溶氧量不足时死亡。

该病主要由聚缩虫大量附着在虾鳃和体表所致,尤其是附着在鳃部的聚缩虫危害更大,它阻塞了鳃丝之间水流,破坏鳃的呼吸功能,导致虾病发生。聚缩虫常在pH值低于7、水中有机物含量过高的虾池中大量繁殖。

防治方法:①改善pH值,保持良好的水质。②用20~25毫克/升的茶子饼全池泼洒,促使对虾蜕壳。由于茶子饼不能杀死聚缩虫,故对虾蜕壳后应大量换水。③可用高锰酸钾10毫克/升全池泼洒,药浴4小时换水,可杀死全部聚缩虫,用7~9毫克/升高锰酸钾药浴1天,4小时后可杀死绝大部分聚缩虫,但施药时应避开对虾蜕壳期。④用0.5~1.0毫克/升的新洁尔灭与5~10毫克/升的高锰酸钾混合使用,对池虾进行药浴,2.5~3.0小时内可基本杀死聚缩虫。

3. 钟形虫病

病虾体表及附肢呈棉絮状,外观粗糙,以手触之又黏又脏。虫体浸入鳃部的病虾,鳃丝表面覆盖污黑或黄泥般杂质,严重时鳃丝上皮细胞有增生、局部坏死现象。镜检可见体表、鳃部、附肢有大量钟形虫附着。病虾活力渐差，常靠池壁或躺于池边，呼吸困难，食欲下降，易受其他病原感染或因严重缺氧而死亡。

该病病因是养殖池的水质和底质不良。有机物含量过高，大量滋生钟形虫，以致危害对虾。

防治方法：保持水质环境的稳定。用20~30毫克/升的茶子饼泼洒全池，促使对虾蜕壳，蜕壳后必须换水，把病原体排出。如池底有机物太多，每亩可用30~50千克沸石粉全池泼撒。

4. 丝藻附着症

病虾体表可见丝状细长的丝藻附着，轻者仅在腹部出现，重者附着全身表壳。病虾活力差，静伏于池边不动，不摄食或少摄食，长久不蜕壳，虽不至于死亡，但生长几乎停止。

由于池水清澈，浮游植物太少，导致丝藻大量繁殖，其产生的孢子附着于虾身上，长出藻体，严重时虾体全身长满丝藻，除妨碍池虾正常活动和生长外，还影响虾池夜间的溶氧，入冬以后，水温较低，浮游植物繁殖慢，池虾又较少动，故此病易发生。

防治措施：加强水色和透明度的调节。在养殖中、后期，若透明度太大，应适当施肥调节。对一般症状的池虾，可用20~30毫克/升的茶子饼药浴1天，刺激其蜕壳；对症状严重的，应用0.5~1.0毫克/升的"克藻净"药浴1天杀灭丝藻。

（四）具有危害的捕食性鱼类

发现虾池中有捕食性的鱼类，必须进行清除，常用药物有下面几种。

1. 茶子饼

因对虾对于茶子饼所含的皂角碱（saponin）的耐受力比鱼高50多倍，所以使用茶子饼毒杀鱼类较理想。虾池盐度在15以上时，每立方米水体用茶子饼12~15克；盐度低于15时，每立方米水体使用茶子饼20~25克。把茶子饼粉碎、用水浸泡后全池泼洒，1~2小时即可毒死鱼类。

2. 鱼藤根

鱼藤根含有鱼藤酮（rotenone），对鱼类有强烈毒性，但对对虾

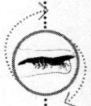

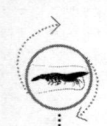

毒性甚微,是杀鱼的良好药物。据茂野试验,用0.5~1.0毫克/升的鱼藤根粉可杀死矛尾鰕虎鱼,而日本对虾可忍受5毫克/升的浓度不会死,当浓度达到10毫克/升时才部分死亡,与矛尾鰕虎鱼相差20倍。因此,在养殖池中,可用鱼藤根在不伤害对虾的浓度下杀死害鱼。

此外鱼藤根可以毒池,其用量为:①含鱼藤酮4.0%~5.0%的鱼藤根粉为4毫克/升;②含鱼藤酮2.5%的鱼藤酮乳剂为0.5~1.0毫克/升。鱼藤酮杀鱼留虾效果较好,但对浮游生物和较小型底栖动物也有杀伤作用,应予以注意。

二、非生物性病害

非生物性病害是主要由于营养、环境及有毒物质所引起的疾病。一般有以下几种。

1. 肌肉白浊病和痉挛病(肌肉坏死病)

病虾腹部肌肉变白不透明,有的病虾全身肌肉变得白浊,有的虾体全身呈痉挛状,两眼并拢,腹部向腹面弯曲,严重者尾部弯到头胸部之下,不能自行伸展恢复,伴有肌肉白浊而死亡(彩图19)。

该病病因主要是水温过高或温差变化大,盐度过高或过低,水环境突变,溶氧过低。另外,虾受外界刺激惊扰也可诱发此病。在高温季节应保持高水位,放养密度要合理,切勿过密,避免理化因子急剧变化和人为频繁地惊扰虾池。

2. 软壳病

病虾甲壳薄而软,个体瘦小,活力差,摄食量减少,生长缓慢。该病多发生在养殖中、后期,病虾商品价值较低,主要由于饲料质量差、配方不科学、钙磷比例不当、投饵不足以及水质条件差等原因所致。

防治方法:①投喂高效优质饲料,有条件的应多投些优质的鲜活饵料;②改善水质,可用20~25毫克/升的石灰泼洒全池,也可投放一些贝壳粉或珊瑚碎屑等;③放养密度不宜过大。

3. 厚壳病

病虾体色黯黑,甲壳增厚变硬,手摸时表面有明显的粗糙感,不蜕壳,有的肠道粗而弯曲(彩图20),生长停滞。该病多发生于高盐度区或水草大量繁生的虾池。

引起该病的主要原因是高盐度和缺乏营养。

防治方法:有条件的应充入淡水,适当降低虾池盐度,可用20~25毫克/升的茶子饼泼洒全池,刺激蜕壳,但必须换水和增加营养。

4. 异常蜕壳病

病虾尚未到蜕壳期突然大批地蜕壳,并随之死亡。有的甚至在旧壳还未完全蜕掉时便死去,而且大多死于浅水区(彩图21)。

发生该病主要是由于虾池条件差、水质严重污染或老化、有毒物质多或缺氧等原因所致,可采取改善水质、降低放养密度等措施来防治。

5. 维生素C缺乏症(黑死病)

病虾体表角质层、食道壁、胃壁、后肠壁及鳃变黑,厌食,腹部肌肉不透明,死亡率可高达80%以上。

该病主要由于虾池缺少藻类,而且饲料中缺乏维生素C所致。因为维生素C是对虾代谢中不可缺的,而且日本对虾本身无法合成维生素C,故当其摄食的饲料中缺乏维生素C(每克虾肉含维生素C在0.02毫克以下)时,便会影响日本对虾新陈代谢的进行,导致其对刺激的抵抗能力下降,延缓创伤痊愈,降低血细胞的吞噬作用和凝集能力,从而发病。

防治方法:在虾池中适当培育藻类,并投喂含有维生素C的饲料或在饲料中拌入(如每千克饲料加3~4克杭州市高成生物营养技术有限公司研制的"高稳西"维生素C),尤其在高温季节更需添加维生素C;保持水质稳定,可用沸石粉处理底质(每亩可施放30千克);也可常用EM制剂,以调节水体生态平衡。

在养殖过程中选择饲料很重要,应选择质量可靠的厂家生产的饲料,尤其是养殖日本对虾,一定要选购优质、高效的饲料。

第六章 健康养殖与药物管理

内容提要：清塘消毒的药物；水质改良的药物；抗菌的中草药；抗病毒类药物与营养调节药物；药物的科学使用。

为保证无公害健康养殖的养殖质量，提高对虾的抗病力和存活率、预防对虾病害的发生，现代集约化养殖生产离不开药物，现代化的对虾养殖也是如此。药物是人类与水产养殖病害作斗争的重要手段之一，也是保持养殖生物健康的一种物质。但是药物有两面性，使用方法得当，可以防病和治病；使用不当，滥用药物，就可能危及食品安全并污染环境。尤其是渔药的使用，不能使用在虾体内或生物体内长期残留以及对环境有长期影响的治疗或消毒药物，应以防为主，在万不得已时才使用对症治疗药物。切不可使用国家规定的水产严禁使用的药物，不使用药效不清楚、药物成分不明、没有主管部门备案批文的药物。为此，本章专门向养殖业者介绍健康养虾的常用药物及其科学的应用方法，使养殖业者不但能够科学地应用药物而且要善于鉴别和揭穿假药。

第一节 清塘消毒的药物

据不完全统计，目前全国的渔药生产企业有450余家，其中专业药厂150余家，兼业药厂300余家，主要集中在山西、江苏、湖北、湖南、广东、浙江、北京等省、市。据初步统计，目前渔药产品有500多种,2002年全国就有渔药经销单位3 500余家,销售渔药种类(含水质改良剂、微生物制剂)近700种,销量为11.0万余吨,销售额为10.0亿多元。福建省有经销单位1 460家,销量为4.5万吨,销售额为5.3亿元,占全国销售量一半。据调查,有相当数量的销售点无销售许可证,缺乏有关水产养殖用药、渔病防治方面的专业人员。

据初步统计,目前市场上销售的渔药(包括借用药、原料药、添加药物饲料等)年销售量在10万~15万吨之间,年销售额在15亿元以上。

现在水产用药在沿海的养殖大省呈快速递增趋势,尤其是环境改良剂与消毒剂、微生物制剂的使用量在大幅度增加。按照农业部的要求,现在所有兽药生产企业均须达到GMP标准。对生产和管理水平差、产品质量得不到保证的企业应淘汰。新修改的《兽药管理条例》规定,水产用药管理部门应按职能划归渔业主管部门,但实际上农业、畜牧兽医、卫生、工商、环保等多个部门均可直接或间接对水产用药的生产、销售和使用环节进行监管,却没有一个部门能全程监管,造成管理上的真空。

目前,我国内地的鱼虾病害防治药物市场相当混乱,药物品种繁多,其中掺假的也不少。在使用清塘消毒药物时,除了要认清正规的厂家和科研高校研制的经正式批准的产品外,还要坚持以下几个用药原则:①尽量使用成本低的药物,但必须达到消毒的效果;②放苗前的清塘及水体消毒,一定要达到彻底杀灭敌害生物的目的,要计算好用药量和消毒时间;③水体消毒后一定要等药性失效后才能进入肥水;④在养殖期间的水体消毒,要合理掌握药物浓度,毒性不要太强,要按养殖的不同对象和个体大小确定用量,最好用水桶放些对虾做试水为妥;⑤不要盲目施用剧毒药物,特别是残留大的农药。

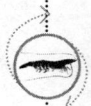

现将常用的清塘及水体消毒杀菌药物介绍于下。

一、生石灰

生石灰加水后生成氢氧化钙[$Ca(OH)_2$],呈碱性,pH值达

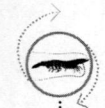

11~12，同时释放出大量热能，从而可杀灭野杂鱼、鱼卵、虾蟹类、昆虫、致病细菌、病毒等，并能使水澄清，增加水体钙肥，提高 pH 值。一般用于放养前清塘，每亩用量为 100~200 千克，失效时间为 7~8 天；在养殖期间，用于升高塘水 pH 值。使水体提升 1 个 pH 单位的用量为 10 毫克/升。

二、氯制剂

1. 漂白粉

漂白粉又称含氯石灰，为白色颗粒状粉末，其消毒效果除了与生石灰相似以外，还可在吸收水分或二氧化碳时，产生大量的氯，因而杀菌效果比生石灰强。但暴露在空气中时，氯易散失而失效。漂白粉是使用历史最久的消毒剂，被称为第一代消毒剂。一般用于放养前的水体消毒和养殖过程中的水体消毒，前者使用浓度为 20~30 毫克/升，后者一般为 1~2 毫克/升。用于消毒的漂白粉，其含氯量应达 32% 以上，含氯量低于 15% 的不能使用，用漂白粉消毒，失效时间为 4~5 天。

2. 强氯精

强氯精的化学名为三氯异氰尿酸，又名鱼安、TCCA，为白色粉末，含有效氯达 60%~85%，其化学结构较稳定，能存放 1~2 年不变质。在水中呈酸性，分解为异氰尿酸、次氯酸，并释放出游离氯，能杀灭水中各种病原体。强氯精可称为第二代消毒剂，已逐步代替漂白粉使用。通常用于水体消毒和养殖期间的水体消毒。前者用量为 1~2 毫克/升，后者为 0.15~0.20 毫克/升，失效时间为 2 天。

3. 二氯异氰尿酸钠

二氯异氰尿酸钠又名鱼康、优氯净，为白色粉末，含有效氯达 60%~85%，化学结构稳定，有效期比漂白粉长 4~5 倍。一般室内存放半年后仅降低有效氯含量的 0.16%，易溶于水，在水中逐步产生次氯酸。由于次氯酸有较强的氧化作用，可使细菌死亡，从而杀灭水体中各种病菌、病毒。二氯异氰尿酸钠可称为第三代水体消毒剂。经技术处理,该产品由粉状改为小颗粒,可直接撒入虾塘,达到消毒池塘底部的效果,养殖中、后期消毒,使用浓度为 0.2 毫克/升,失效时间为 2 天。

4. 二氧化氯制剂

二氧化氯制剂是一种很强的消毒剂,无色、无臭、无味,其氧化能力较一般含氯制剂强,为第四代水体消毒剂。市场上销售的二氧化氯有粉剂和水剂两种。二氧化氯粉剂为白色粉末,分 A、B 两种药,即主药和催化剂。使用时把 A、B 药分别加水溶化,之后混合稀释,即发生化学反应,放出大量的游离氯和氧气,达到杀菌消毒效果。水剂类的二氧化氯水剂,稳定型二氧化氯水剂的使用效果更好。粉剂的使用浓度为 0.1~0.2 毫克/千克,水剂的使用浓度为 100~200 毫克/千克。失效时间为 1~2 天。

三、碘

碘又称碘片,由海草灰或盐卤中提取,为黑色或蓝黑色片状结晶,不溶于水,易溶于乙醇。其醇溶液溶解于水,能氧化病原体原浆蛋白活性基因,对细菌、病毒有强大的杀灭作用。在水产养殖水体消毒中,一般使用碘的化合物或复合物,如聚烯乙烯吡咯烷酮碘(PVP-I)、碘灵等。我国生产的 PVP-I,其消毒浓度为 150 毫克/升。碘与汞相遇会产生有毒的碘化汞,必须特别注意。

四、高锰酸钾

高锰酸钾(KMnO₄),又名过锰酸钾、灰锰氧,为深褐色的结晶体,易溶于水,是一种强氧化剂,能氧化微生物体内活性基因而杀菌,还可以杀死原生动物。本品会导致虾类中度中毒,一般不应用于养殖期间的水体消毒,只用于杀灭危害对虾的纤毛虫。使用时抽去大部分塘水,按 3~5 毫克/升浓度用药。4 小时后把水进满。

五、新洁尔灭

新洁尔灭又名苯扎溴铵、溴化苄烷胺,化学名为十二烷基二甲

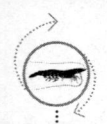

基苄基溴化铵,是一种季铵盐阳离子表面活性广谱杀菌剂,杀菌力强,对皮肤和组织无刺激性,对金属、橡胶制品无腐蚀作用。新洁尔灭溶液为无色或淡黄色的澄清溶液,芳香味苦,其水溶液能渗入细胞浆膜的类脂层与蛋白层,改变细胞膜的通透性,使细胞内物质外渗而杀灭细菌、原生动物。在养虾过程中,用高锰酸钾杀灭纤毛虫时,加上 0.1 毫克/升的新洁尔灭效果会更好。

第二节 水质改良的药物

一、沸石粉

沸石粉是含碱金属或碱土金属的铝硅酸盐矿石,多为白色或粉红色,也有红色或棕色,质软,有玻璃丝绢光泽。沸石内含有很多均匀的空隙和通道,像珊瑚一样。沸石粉由沸石粉碎,由于不同的成分结构形成很多品种。该物质含有许多金属及非金属元素,矿物为微孔结构,如有的沸石每立方厘米所含孔道多达 108 个,因此吸附能力极强;它含有氧化铁,可与虾池中硫化氢作用生成无毒的硫化铁;它含有 10% 的氧化钙,具有调节虾塘 pH 值的作用;并含有可交换的钾、钠、钙等盐类,可吸附各类的有机腐化物、细菌、氨氮、甲烷、二氧化碳等有毒物质。老化虾塘应施用 1~2 次沸石粉,每次每亩投放 30 千克,严重污染的可投 50~100 千克。此外,可以在饲料中添加 1%~2% 的沸石粉,促进消化、吸收代谢的毒物,有利于对虾生长,保持水质稳定。

沸石粉是一种较理想的改良水质、底质的物质。

二、白云石粉

白云石粉与沸石粉具有相同的物理性能,也是改善水质和底质的理想物质。白云石粉对氨氮的吸附量可达 19 毫克/克。白云石粉也可拌料给虾吃,用以调节对虾机体的代谢功能,吸收对虾消化道的毒素,可起到促进消化酶类的活力等作用。在养殖中、后期,每亩投入50千克左右便可收到改良虾塘水质的显著效果,加工粒度以100目以上为佳。

三、水质净化剂

水质净化剂的主要成分为聚合硅酸钠。主要作用是改善养殖环境、澄清水质、防止水质酸化、腐烂和发臭,防止铁、铜、锌等金属离子引起的障碍而使水质富营养化。

每立方米水体用量为300克,用时要充分与池水混搅,启动增氧机,以达到净化水质的作用。

四、生物净化剂

随着科学技术的进步,生物工程技术在水产养殖业的开发应用日益引起人们的重视,并且已经发挥了巨大作用,特别是在美国、日本等经济发达国家,有益微生物在对虾养殖业上的应用和研究已有近百年历史。目前,世界各国都认为直接应用有益细菌是无公害健康养殖的重要技术手段。在现代化集约式精养对虾系统中,对虾的排泄物、残饵沉积物等严重地污染着养殖水体,从而也为滋生病原体微生物创造了条件,导致虾病的发生。如果单纯地使用化学与物理方法处理水质,不但成本高,生产实践表明预防病害的效果也并不理想,过多地依赖化学药品,有时会产生二次污染问题及食物安全问题。对虾在一个没有微生物的环境中,或者对虾周围的正常微生物群落被破坏,养殖水环境不稳定,对虾生理状态会受到严重影响,对虾就会发病。养殖水环境生态不平衡,对虾不可能正常生长。已经有大量事实证明,养殖过程中,重视使用微生物制剂,保持养殖水体环境的生态平衡、水质稳定,可以使对虾健康生长。有益微生物正常繁殖生长,可以有效地防止底质恶化,预防病原微生物繁殖,抑制病原体的生长,保持良好的养殖环境。

当前我国常用的作为环境保护和改良水质、底质的有益微生物制剂有两大类:一类是利用光能的光合细菌,另一类是有益的化能异养细菌。

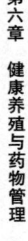

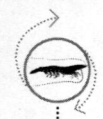

1. 光合细菌

光合细菌分为产氧光合细菌和不产氧光合细菌两种。产氧光合细菌主要是原绿藻（Prochlorales）和蓝菌（Cyanobacteria）或称之为蓝藻（blue green algae），它们是藻类学家研究的主要对象。不产氧光合细菌即人们通常说的光合细菌，它们分为四种：红螺菌科（Rhodospirillaceae）、着色菌科（Chromatiaceae）、绿色菌科（Chlorobiaceae）、曲绿菌科（Chloroflexaceae）。

光合细菌在池塘底部，对池水及底泥腐殖质中的氨氮、硫化氢、有机酸等能很好地利用，可迅速净化水质。但是该类菌不能很好地利用大分子有机物，如蛋白质、淀粉等。虾池使用的光合细菌，应该是培养基的盐度和养殖池盐度接近的光合细菌，活菌量不低于 10 亿~15 亿个/毫升，每亩至少施用 10 升，主要撒播在池底，以后定期每 20 天施用一次。

光合细菌的特点是在光照条件下吸收各种光，利用光能把有机物作为氢的供体，固定二氧化碳或低脂类有机物作为磷源而生长和发育，其生长过程中不产生氧气。

光合细菌的种类较多，而且在形态、色泽、利用和产物方面均不甚相同。

目前在养殖生产上应用较多的是红螺菌科的菌种，该类细菌能利用光合色素，在厌氧、光照条件下进行光合作用，但不产生氧，有利于微藻的光合作用，基本上利用小分子有机物作供氢体，也能利用硫化氢作供氢体。

作用与用途：它除能消除硫化氢等有害物质外，还含有丰富的氨基酸、维生素 B_{12}、维生素 H，其脂质成分中还有菌绿素类、胡萝卜素、辅酶 Q，因而可以作为饲料添加剂，促进动物生长，预防病害发生。

光合细菌在水产养殖上的作用相当于净水剂＋饲料添加剂＋抗病剂＋促生长剂。

2. 化能异养细菌

在水质净化、环境保护和环境修复方面应用比较多，我国目前市场上常见的菌种有芽孢杆菌属（*Bacillus*）、乳杆菌属（*Lactoba-*

cillus)、亚硝化单孢菌属（*Witrosomonas*）、硝化杆菌属（*Nitrobacter*）、假单孢杆菌属（*Pseudomonas*）等一些菌株。这些细菌有好氧的、厌氧的和兼性厌氧的，能利用蛋白质、糖类、脂肪等大分子有机物及酚类、氨、有机酸等，将其分解为小分子，进一步矿化成无机盐，供微藻利用。一方面，这些细菌大量繁殖，成为优势群落，占领生态位，可抑制病原微生物的滋长繁殖。另一方面，提供营养促进单胞藻类繁殖生长，调控水质因子。其中芽孢杆菌属菌株具有性状稳定、不容易变异、胞外酶系多、降解有机物速度快、对环境适应能力强、产物无毒等特点，它成为池塘养殖中广泛应用的代表性菌株。

（1）硫杆菌　广泛分布在海水、海泥、池泥及其他土壤中，其代表种类有排硫杆菌（*Thiobacillas thioparus*）、氧化硫杆菌（*T. thioaxidans*）。

硫杆菌在有二氧化碳及碳酸盐的条件下生长。在大量硫化物存在情况下，硫化物被氧化成硫沉淀于细胞外。硫杆菌一般在 25～30℃培养液中 2～4 天后生长。菌落白色或淡黄色，圆形，全缘，直径为 0.2～0.3 毫米；细菌短杆状，长度为 0.5～1.5 微米，无孢子，能运动、革兰氏染色阴性。当硫杆菌生长旺盛时，可使其生长环境的 pH 值由 7.5 降低至 3.0～3.5 甚至更低。

作用与用途：硫杆菌属的细菌能使硫或硫的不完全氧化物转化成硫酸盐等物质，并能参与水或土壤中硫的循环作用，改良土壤和水质，降解水中聚积的硫化氢等有毒物质，并在硫杆菌作用下转化为无毒物质，使水质稳定，有利于养殖。

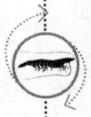

（2）硝化细菌　硝化细菌是一种可以氧化氨或亚硝酸盐的硝化杆菌科的细菌，分为亚硝化单胞菌和硝化杆菌两类。

亚硝化单胞菌（*Nitrosomonas* sp.），杆状，长度为 0.8～1.0 微米，单生，有极生鞭毛，为菌体的 3～4 倍。革兰氏染色阴性，有细胞质膜，为专性化能自养细菌，不需有机生长因子，严格好氧，生长环境的 pH 值为 5.8～8.5，温度为 5～30℃。

硝化杆菌（*Nitrobacter* sp.），短杆状、楔形或甲梨形，一般不运动，多为专性化能自养细菌，生长环境的 pH 值为 6.5～8.5，温

度为 5~40℃。其中有 10 余种分布在海洋、河水和土壤中。

作用与用途：在水体中，腐败细菌可把动植物体分解为氨氮或氨基酸。固氮菌等可把游离氮变成氨，而生长在水环境中的硝化细菌能把氨或氨基酸转化为硝酸盐或亚硝酸盐，放出热量，使水体中有毒物质分解为无毒成分。

用法与用量：硝化细菌是靠固定二氧化碳满足对碳素的需求，故在一定条件下，引入相应少量的硝化细菌便可繁殖。亚硝化细菌生长慢，代距长，而亚硝酸盐在硝化细菌的作用下转化为无毒的硝酸盐，这个过程常常发生在极短的时间内。因此，亚硝化细菌和硝化细菌（有些硝化细菌同时具有两种细菌的功能）同时存在，对水中有害的氨和铵离子、亚硝酸盐迅速转化为无害的硝酸盐十分重要。

（3）反硝化细菌　它由具有反硝化作用的一组微生物种群组成，主要用于处理底泥。在水体底层溶氧低于 0.5 毫克/升，pH 值为 8~9 条件下反硝化细菌利用底泥中有机物作为碳源，将底泥中的硝酸盐转化为无害的氮气排入大气中或转化为有毒性的亚硝酸盐、氨、铵离子，留在池水中。反硝化过程消耗了大量的底层发酵产物和沉积于底层的有机物，底层污泥中有机物和硝酸盐的含量迅速减少，可有效预防因天气突变引起水质剧变对虾的应激影响。可见，在虾池内使用反硝化细菌利大于弊。

利用反硝化细菌处理底泥的污染，减少底泥中硝酸盐的含量，关键是选择菌种，使用通过实验室筛选的主要反硝化产物为氧的反硝化菌株，既能做到减少底泥有机物和硝酸盐含量，又能保持水质长期稳定。

（4）酵母菌　在有氧条件下，酵母菌将溶于水中的糖类（单糖和双糖）、有机酸作为其所需碳源，组合成新的原生质并作为酵母菌生命活动的能量，其对糖类的分解，可完全氧化为二氧化碳和水。在缺氧条件下，它也可以利用糖类作为碳源。因此，酵母菌能有效分解溶于水中的糖类，迅速降低水中生物耗氧量。在池内繁殖出来的酵母菌又可作为虾类的饲料蛋白被利用。近年来，不少地区在专家的指导下进行无公害健康养殖，就是利用微生物活菌制剂来调控水质，在养殖过程中不使用抗生素药品，获得无公害养殖成功的例子屡见报道。

目前我国在水产养殖特别是对虾养殖中使用的所谓有益微生物制剂包括两个类型的产品。

一类是微生物环境改良剂。其定义为：在微生物生态学理论指导下，应用非病原微生物技术处理污水、降解有害物质。应用的细菌可以从自然界分离选择，也可以说是工程菌，大家比较熟悉的是光合细菌、枯草芽孢杆菌等。其他各类有益微生物产品日益增多，而且产品的质量也在不断改进，逐渐由单一细菌群发展为几种或十多种的复合种类（如 EM 制剂），其商品名称也不相同。

另一类是微生态制剂，通称益生菌（probiotics）。其定义为：在动物微生态理论指导下，采用已知有益的微生物，经培养、发酵、干燥等特殊工艺制成的用于动物的生物制剂或活菌制剂（何清明，2001），如乳酸杆菌，其强调的正是微生物和宿主（动物）的关系。事实上，Full（1998）对益生菌的定义表述为：能够促进肠内菌群平衡，对宿主起有益作用的活的微生物制剂。

有益微生物在对虾养殖中主要有四方面的功能：①在污水处理、生态环境的平衡和恢复方面使用微生物方法是最优良的方法，它很少产生二次污染，在有机污染物的矿化作用和分解有机物、消除其他有害物质方面起着核心作用。②这些有益微生物中，许多种类可以释放出新生物质，抑制病原菌的繁殖和滋长。它们可促进某些放线菌的繁殖，从而抑制一些病原细菌的繁殖，以减少空白的生态位，增加物种的多样性。③有益微生物可以作为重要的饲料营养素，提供一些微量的可提高对虾免疫力的营养物质。④有的有益微生物具有微生态功能，可利用有益微生物直接补充对虾体内、体表所缺少的正常微生物群或促进正常微生物种群的建立和恢复。特别是在水体消毒后，这方面的功能更为突出。

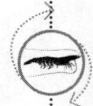

我国的微生物制剂、活菌以及同类产品已经在生产上应用，特别是光合细菌的应用已十分普遍，据文献报道其他活菌及微生物产品，如上述芽孢杆菌、乳酸杆菌、酵母菌、硝化细菌、反硝化细菌等，都已在对虾养殖业上广泛应用。这里要特别提出几个建议

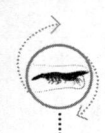

供对虾养殖业者参考。

①微生物的有效性问题。有些微生物活菌制剂生产厂家过分强调微生物的含量而忽视其有效性能。有的标称每毫升（克）含活菌数百亿个，甚至更多。使用者不清楚这个标称的含量是表示刚生产出来时的活菌含量，还是表示到用户使用时的活菌含量，因为微生物在贮存过程中会有相当一部分菌体死亡，在保证其有效数量的前提下，活菌含量越高，应用得到的效果就越好。

②有益微生物的种属数量问题。有些微生物活菌制剂的生产厂家盲目追求或夸大了微生物的种属数量而忽视了它们之间的拮抗作用。微生物在各自单独培养保存时，能保持各自的活性和功能，如果把它们混合在一起培养或保存，稍有不当，就可能发生反应或拮抗作用，它们的活性明显下降。例如，有些酵母菌和光合细菌混合在一起，两者立刻起化学反应，产生沉淀，死亡菌数大量增加。

③夸大微生物制剂的功效问题。有些微生物活菌制剂只含有单一种活菌，却被宣称含有多种混合菌、复合菌，并被宣传能做到无病防病，有病治病，夸大使用效果，欺骗虾农。微生物活菌制剂在净化水质方面有显著的效果，可改善养殖环境，保持水环境稳定，对预防虾病有一定的作用，但它不是万能的，所以养殖业者一定要掌握相关科学知识，揭穿那些违背科学的骗子。

第三节　抗菌的中草药

对虾无公害健康养殖的目的是养成的商品虾符合国际卫生标准，是绿色、无污染的安全食品，在养殖期间应禁用抗生素，选用合成的抗菌中草药，多用天然营养药物。这里介绍几种常用的中草药供参考。

一、大蒜

大蒜的有效成分为大蒜素，其中紫皮大蒜的抗菌能力较强，对许多细菌、霉菌和原生动物等引起的疾病均有治疗作用。其使用方法为20~50毫克/升的药浸泡或每千克饲料加20克制作药饵。上述含量的大蒜与其他抗菌药物合用效果更好,在大蒜药饵中加0.2克土霉素能发挥更大的治疗效力,水环境内再加入浓度为2~4毫克/升的漂白粉,这种混合用药法对治疗和预防对虾的红腿病有明显的效果。

大蒜虽能起到广谱杀菌作用,但性质不稳定。大蒜素只有在将大蒜捣碎后才能逸出(捣碎磨烂后还原酶显示活力,释出大蒜素),若能挤出蒜汁其效果更好。因此,其使用受到一定的限制。

二、五倍子

主要作用于真菌,对细菌及原生动物也有一定的毒性作用。常用4~5毫克/升的浓度浸泡或者每千克饲料加2克制作药饵。五倍子的浓度配制标准为每500克五倍子原料加水2千克煮汁、浓缩成500毫升。该药有抑制病菌的作用。

三、穿心莲

穿心莲又名一见喜、苦草、榄核莲,为爵床科草本植物,经晒干粉碎或制作成干浸膏和药片供药用,亦可配成复方药物,是一种常用的中药。

1. 理化性状

本药主要含穿心莲内酯、新穿心莲内酯、脱氧穿心莲内酯、黄酮类和生物碱等有效成分,味极苦。

2. 毒性

穿心莲是一种低毒药物,每升水中浸泡3~7毫克,对防治对虾细菌性疾病的效果较好。

3. 用途及用法

穿心莲及其复方制品的抗菌作用较强,特别是对金黄色葡萄球菌、肺炎链球菌、痢疾杆菌、大肠杆菌等有抑制或杀灭作用,用药量为3~7毫克/升浸泡或每千克饲料添加20克。

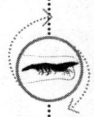

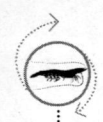

四、黄连

本药品为毛茛科植物，黄连又名王连，应用中常用其提取物——黄连素。

1. 理化性状

本品原粉及制剂为黄色或黄棕色、味极苦。主要含黄连（小聚碱），为广谱抗菌药物，对葡萄球菌、大肠杆菌、溶血链球菌、痢疾杆菌及阿米巴原虫有抑制杀灭作用。

2. 毒性

毒性较低，虾类的有效用量为 0.8～1.0 毫克/升。

3. 用途及前景

用于防治细菌性疾病，常用药剂为黄连素成药，具有药源丰富、有一定的营养价值、副作用小、毒性残留期短、对热相对稳定、易溶于水和不污染环境等优点。可用来加工成药饵或直接浸泡治疗虾病。黄连素不仅对细菌性疾病有疗效，对某些病毒、真菌的防治也有一定作用，是一种较有发展前途的药物，现已引起国内外有关方面的重视，希望各科研院所、高校等有关单位能对其抗病机理进行深入研究与开发。

第四节 抗病毒类药物与营养调节药物

病毒是一类以核酸为中心，以蛋白质为外壳不具细胞结构的微型颗粒。病毒是一类严格在活细胞内寄生的类细胞形态的微生物，在普通光学显微镜下难以见到，可以分为 DNA（脱氧核糖核酸）病毒和 RNA（核糖核酸）病毒两种类型。它们的生长和繁殖都必须在活体细胞内完成。理论上，凡是能中断病毒增殖周期中任何一个环节的措施，都可以达到抑制病毒的目的。

例如，已知两种球蛋白能与游离病毒体结合，阻止它们侵入细胞；金刚烷能遏制某些病毒蜕壳（病毒入侵细胞前必须蜕壳）；碘苷阿糖胞苷等能抑制病毒 DNA 的合成；利福平能抑制病毒包膜的形成；有两类多糖——β-葡萄糖及肽聚糖（它们可从酵母菌及裂殖菌获得），可以提高对虾血液对异物的凝集及加速伤口的愈合。据杨丛海等（2000）报道，他们在饵料中添加微量的肽聚糖多糖有明显抗 WSSV 的效果；神经胺酸酶能阻止病毒体的释放等。上述各种药物在实际应用中的困难较大，原因是：①不同种类的病毒对药物的敏感性不同，较难做到对症下药；②许多药物对机体细胞可能是有毒的；③现有药物价格较贵，很难推广。

目前，我国不少科研机构和高校都在对病毒进行研究。1991年，中山大学生物系徐利生、何建国教授等与中国水产科学研究院南海水产研究所陈福华助理研究员在粤东潮阳首次发现斑节对虾杆状病毒之后，何建国教授开展了对病毒的专门研究，他于1996 年前往美国海湾海岸研究中心进行病毒的研究，1997 年回国后带领博士生开展了白斑综合征病毒对斑节对虾亲虾的感染及垂直传播的研究，并进行了对虾病害的防治工作，先后带领和培养了 20 位博士生，为了解对虾高位池养殖模式及其病害控制的关系，到生产第一线的海南、广东、广西等养虾场进行调查研究，尤其在对虾病毒病的研究中做了大量工作，为我国对虾养殖的持续发展作出了重大的贡献。目前我国不少专家都在研究一种相对分子质量较低的含糖蛋白质，利用它作用于细胞膜受体的特性，激发细胞的转录机制，形成特异的 m-RNA 指导合成抗病毒蛋白质，从而导致病毒代谢障碍，抑制病毒的发展。这种物质具有广谱的抗对虾病毒的作用，特别是对 RNA 型的病毒更为敏感，目前国内研制开发较成功的产品主要有以下几种。

一、强力病毒康

强力病毒康是中山大学海洋学院何建国教授经过十多年来的调查研究根据对虾白斑综合征控制的相关理论，对近百种活性物质筛选而研制成功的药物，并在广东、海南、广西等对虾养殖场应用，结果表明：连续 7 天投喂强力病毒康，经大剂量的白斑综合征病毒人工感染，30 天后对虾成活率达 80% 以上，而未投喂病毒康的对虾 5 天内死亡率达 100%。显然，强力病毒康可明显提高对虾

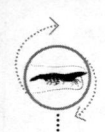

对白斑综合征的抵抗力,是预防和治疗对虾白斑综合征爆发流行的首选药物。

用法:将本品200克(一包)与适量黏合剂(如海藻粉或蛋白清)混合均匀,然后将药物加入20千克颗粒饲料中混匀,即每千克饲料加强力病毒康10克,加入适量清水搅拌,使药物与饲料充分混合均匀,阴干或晾干后即可投喂。每天用药两次,连续投喂7天为1个疗程。预防用药量减半,即每千克饲料加强力病毒康5克,每天喂一次。

广东省珠海市三灶镇个体户吴金有利用养殖面积300亩,采取虾蟹混养粗养模式,自5月份放苗开始每天投喂强力病毒康一次,养殖的斑节对虾与锯缘青蟹生长正常无病害发现,获得好收成,而附近的养殖户没有投喂强力病毒康的锯缘青蟹感染类呼肠弧病毒全部死亡,所剩的斑节对虾也是病虾,损失惨重。

据调查,在广西壮族自治区钦州市,有的虾场养殖南美白对虾中期发病,因及时使用强力病毒康,使病虾转危为安,保住了对虾并获得好收成,取得较好的经济效益。

2004年广西壮族自治区防城港市莫福对虾养殖场有1 000亩半精养方式养殖的南美白对虾,第一造500亩的对虾发病,结果损失惨重,另500亩对虾及时邀请何建国教授亲临现场指导,马上投喂强力病毒康并对水质进行处理,采用内外结合的方法进行了一个疗程的治疗,病虾全部恢复健康,获得好收成,亩产达900千克,获利100多万元。

2004—2005年广东省湛江市东海岛广东恒兴集团对虾养殖试验场使用强力病毒康进行防病,取得可喜的成效,这两年间该场养殖的对虾健康生长,获得了丰收。

2005年广东省海洋与渔业局开展科技入户,指导虾农进行无公害健康养殖,阳西县广大虾农积极开展科学养虾,优化种苗选择,科学应用有益微生物,保持虾池的优质稳定的水环境,并投喂强力病毒康防病,取得很好的效果。

投喂强力病毒康预防对虾病毒病可以使对虾健康生长的原因为:①能激活对虾的免疫功能,增强虾体的抗病毒力;②对养虾池水质无任何不良影响；③养殖的对虾壮实，存活率高，因此，生长快，产量高。

强力病毒康在对虾养殖中被养殖户的生产实践证明是当前对虾预防病毒病的理想药物，值得推广。

二、"鱼虾壮元"

"鱼虾壮元"（原名为"抗病毒元"）是一种由优质纯天然蛋白源组成的药物。该产品的原料所含的功能成分是免疫球蛋白、白蛋白以及来自墨鱼和动物血浆的促生长因子，具有水生动物必需的磷脂、多种维生素及氨基酸。1998年，日本国立东京水产大学使用鱼虾壮元饲喂被高浓度白斑综合征病毒（WSSV）感染的斑节对虾，获得成活率高达73%以上的结果。国内外的大量养殖实践证明，该产品所含有的高效优质蛋白中99%以上可以被鱼虾消化吸收。该产品的主要功能成分，能有效激活和改善鱼虾本身的免疫能力，对引起养殖鱼类多种病害的病原体以及引起对虾大面积死亡的白斑综合征病毒和弧菌病的致病因子支原体都有极强的抑制作用。

"鱼虾壮元"由广州市嘉仁高新科技有限公司卢婉娴研究员与宗志伦高级工程师、中国水产科学研究院南海水产研究所宋盛宪研究员共同研制与开发。他们深入生产第一线，于1996年先后在广东省的中山、珠海、深圳、湛江以及海南、广西等地的养殖场和对虾育苗场进行"鱼虾壮元"的应用试验，从生产实践中摸索出了丰富的水产养殖和病害防治经验。

"鱼虾壮元"对白斑综合征病毒的防治实例如下。

①1998年12月在泰国进行生产试验，结果表明：尽管白斑综合征病毒浓度很高，但用添加4%的鱼虾壮元（当时名为"抗病毒元"）的优质饲料投喂试验组斑节对虾，在试验10天后，取得存活率为73%的结果，没有投喂鱼虾壮元的斑节对虾10天后全部死亡。

②1999年湛江市水产研究所高级工程师李色东与养殖技术员向献芬在湛江市东海岛广东恒兴集团对虾养殖场126亩的高位池养

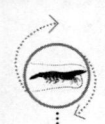

殖斑节对虾,其中用 6 口高位池共 60 亩,连续养殖 2 批,在进行高密度精养斑节对虾中投喂"鱼虾壮元",结果如下:①能有效提高对虾自身免疫功能,增强抗病毒能力,在虾病爆发流行季节安然无恙,取得了理想的效果;②服用"鱼虾壮元"养成的对虾体色光滑、色泽明亮,体壮、肌肉丰富,产量高;③操作方便、黏性好、花费少、利用率高,长期使用对水质无任何不良影响。

他们认为,在对虾养殖过程中投喂"鱼虾壮元",能达到健康养殖的效果,不但提高了存活率,而且能增产丰收,值得推广。

③1999 年下半年广西海洋研究所病害防治研究中心向广大养殖业者推广"鱼虾壮元",在对虾养殖防治病害过程中与使用其他药物的虾塘对比,结果表明使用"鱼虾壮元"的效果更显著。广西壮族自治区北海市铁山港区营盘镇白龙村、火禄村,广西壮族自治区北海市合浦县西场卸江村虾农金廷辉、全廷秀和陈海、梁华等养殖户,在养殖斑节对虾和日本对虾期间投喂"鱼虾壮元",他们都认为"鱼虾壮元"显著地提高了对虾免疫功能,增强抗病力,能有效地抑制病害,促进对虾健康生长,从而取得了较好的经济效益。广西壮族自治区广大虾农的一系列养殖生产实践表明,"鱼虾壮元"有很多的优点,列举如下:"鱼虾壮元"是一种优质高效的营养物质,具有增强对虾抗病毒能力;长期服用可促进对虾生长,活力强、耐运输、养成商品虾肉质结实,虾壳光滑,色泽明亮,市场售价高;操作方便,产出投入比值高。

④据报道,深圳市宝安区海上田园风光水产部的佘忠明高级工程师于 2000 年 5 月 30 日放养 35 万尾南美白对虾,放苗后即投喂"鱼虾壮元",养殖 57 天就可收成,存活率达 98%,每 500 克 30 尾,产量达 740 千克/亩。

⑤深圳市天俊粮油食品进出口公司水产部邱德依工程师于 2000 年 5 月 25 日放养 352 万尾南美白对虾虾苗,平均每亩放养 3.35 万尾,每天投喂 2 次"鱼虾壮元",虾苗成活率达 96%,养殖 93 天,共收虾 22 434.5 千克,平均亩产达 213.6 千克,共赢利 429 231 元。

值得注意的是,当前有些不法之徒以假乱真,造假药坑害虾农,在海南省和广东省珠三角地区不少虾农发现假冒的"鱼虾壮元"在市场上销售,虾农一定要注意识别真假。

三、营养调节药物

1. 干酵母

干酵母又名食母生、啤酒酵母,是制造啤酒时的副产品,利用发酵液中的酵母干燥品加蔗糖混合粉碎而制得。1 克干品含细菌少于 1 万个,霉菌少于 100 个。

(1) **理化性状** 本色为淡黄色至黄棕色的颗粒或粉末,具酵母异味,微苦,显微镜下,其多数细胞呈圆形、卵圆形、柱圆形或集结成块。含有多种 B 族维生素,1 克干酵母含维生素 B_1 0.12 毫克、维生素 B_2 0.04 毫克、烟酸 0.25 毫克。

(2) **作用机制** 参与机体代谢,促进血液循环和体内物质氧化,如氨基酸与脂肪酸。

(3) **用途** 可预防 B 族维生素缺乏引起的疾病和营养障碍疾病,促进对虾生长,提高饲料效率,在动物饲料中含 2%~3%。

(4) **贮存** 密封,干燥处保存。

2. 维生素 B_1

维生素 B_1 又名盐酸硫铵、盐酸噻胺、维生素乙,广泛存在于米糠、干酵母中,药用维生素 B_1 多为人工合成。

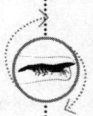

(1) **理化性状** 本药为细微结晶粉末,有特别气味,微苦,吸潮,易溶于水,略溶于乙醇,不溶于乙醚,为水溶性维生素。

(2) **作用机制** 维持体内正常糖代谢及神经、消化系统功能。

(3) **用途** 防治维生素 B_1 缺乏引起的缺乏症,如神经类、消化道炎症,在对虾人工饲料中作为添加剂。

(4) **贮存** 密封,避光保存。

3. 维生素 B_2

维生素 B_2 又名核黄素、卵黄素、维生素 G、乙种维生素二和生长维生素,存在于酵母和动物肝、肾组织中,药用者多为人工合成。

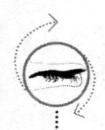

（1）理化性状　本品为橙黄色结晶性粉末，微苦，稍有臭味，在碱性溶液中或见光易变质。微溶于水，几乎不溶于酒精、氯仿或乙醚。

（2）作用机制　主要参与体内的生物氧化作用。

（3）用途　用于防治因维生素 B_2 缺乏而引起的胃肠道炎、角膜炎、皮炎等。作为对虾饲料添加剂使用。

（4）贮存　密封，避光保存。

4. 维生素 B_3

维生素 B_3 又名烟酰胺、烟碱胺、烟碱酸胺。

（1）理化性状　本品为白色结晶性粉末，味苦，无臭，易溶于水和乙醇，溶于甘油。

（2）作用机制　参与体内多种代谢，促进血液循环。

（3）用途　可防治因维生素 B_3 缺乏引起的皮肤角化症，可作为对虾人工饲料添加剂使用。

5. 维生素 B_6

维生素 B_6 又名吡哆醇、吡多辛，一般食物中含量较高，药用产品为人工合成。

（1）理化性状　本品为白色或类似白色的结晶粉末，味酸苦，无臭，见光变质，易溶于水，微溶于乙醇，不溶于氯仿或乙醚。

（2）作用机制　主要参与氨基酸与脂肪代谢。

（3）用途　用于防治维生素 B_6 缺乏症、表皮炎症、贫血，作为对虾饲料添加剂使用。

（4）贮存　密封，避光保存。

6. 维生素 C

维生素 C 又名抗坏血酸、维生素丙。在新鲜植物中含量丰富，药用的为人工合成。杭州市高成生物营养技术有限公司研制的"高稳西"维生素 C 胶囊包膜产品为国内首创，在生产中取得良好效果。

（1）理化性状　本品为白色结晶粉末，无臭，味酸，久置变质，易溶于水，微溶于乙醇，不溶于氯仿和乙醚。

（2）作用机制　主要在体内参与氧化还原反应，参与细胞间质的生成，参与解毒功能，促进叶酸形成四氢叶酸，促进铁在肠道吸收，用于急性和慢性中毒、贫血、创伤愈合及传染性疾病的辅助治疗。在对虾养殖期间，尤其在高温季节添加在饲料中，也可促进蜕壳，增强免疫力和抗病毒的能力。

（3）贮存　贮存于避光处。对虾在高温季节，每千克饲料添加4克"高稳西"维生素C，每个月喂4天，可预防病毒病。

7. 复合维生素

复合维生素又名多种维生素，是由几种含不同维生素的物质，按不同需要配合而成的混合制剂。

（1）成分与性状　通常复合维生素中含维生素A、维生素D、维生素E、维生素B_{12}、维生素K、维生素B_1、维生素B_6、泛酸钙、烟酸、叶酸、肌醇、氯化胆碱、生物素、维生素C、氨基苯甲酸等，可根据不同目的调整其种类和用量，其性状综合各种维生素而定，由供对虾用的维生素复合合成。

（2）用途　防治因缺乏维生素而引起的疾病，一般在饵料中添加0.5%～1.0%以提高饲料效率，促进对虾生长，增强抗病力。

（3）贮存　贮存于干燥或冷暗处。

8. 虾用多维预混料

维生素是促进水产动物生长、发育、繁殖、营养代谢以及维持其健康养殖不可缺少的营养素。杭州市高成生物营养技术有限公司研制生产的虾类用的多维预混料将易变化不稳定的维生素C、维生素E、维生素B_1、维生素B_6等维生素以及胆碱进行微胶囊化处理和包装，不受光、热、水分及金属离子的影响，在饲料加工、贮存和使用过程中溶失率低、稳定性强，成为当前对虾饲料应用中最理想的产品，受到国内外饲料厂家的欢迎，成为虾类养殖最佳的专用产品之一。

（1）特点　提供高效价的多种维生素，并有效提高饲料加工中维生素的存留率；微胶囊化处理可使产品在水中溶失率降到最低；能有效促进对虾的生长，提高饲料利用率，增强对虾的抗病力和免疫力。

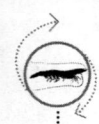

(2) 用法和用量 ①"多维 1 号"：适用于 0~30 天的仔虾；②"多维 2 号"：适用于 30~60 天的成虾；③"多维 3 号"：适用于 60 天后直至养成商品虾。

9. 复合酶微囊

复合酶微囊制剂主要功能是提高饲料的利用率，降低饲料系数。饲料加工过程中的粉碎、制粒等工艺易使酶制剂失活，饲喂的方式不合理，也可能降低复合酶的作用。

杭州市高成生物营养技术有限公司生产的复合酶微囊是针对上述情况及不同动物种类和年龄的消化道生理发育规律，采用新型的辅料对复合酶等进行微囊化处理而制成。它提高了酶的稳定性，并具有控释作用，是国内的新产品。

复合酶微囊对水产动物有较明显的辅助消化吸收作用，可防止摄食前酶对饲料的作用，降低饲料系数，改善水质，减少肝脏和消化道疾病发作，对保护对虾的肝脏具有明显的作用。本品使用安全，无任何的副作用，成为海南、广东、广西、福建沿海地区养殖业者的必备产品。

第五节 药物的科学使用

无公害养殖的主要指导观念之一，是如何正确使用药物，特别是在养殖的水产品上市之前。保证食品安全要做到科学用药，在渔药使用上，尽可能不使用在生物体内长期残留以及对环境有长期影响的治疗或消毒药物，应以预防为主，在万不得已的情况下才使用对症治疗药物。过去由于虾病爆发，虾农为了治虾病，到处买药、滥用药物的现象相当严重，于是社会上不法分子乘虚而入，到处贩卖假药，不但治不了虾病，反而使虾死亡。据不完全统计，我国水产药品在市面上已有上万个品种，五花八门，良莠不齐，甚至有人药、兽药等也冒充虾药，还有不少假冒伪劣产品纷纷上市，再加上药品管理未上轨道，因此，假劣药物给养殖生产带来严重损失和危害。

近年来，仅广东省每年用渔虾药物总额即达 8 亿元，但有些药物用到池塘并没有抑制鱼病、虾病的发生，反而有新的病症、病原不断出现。目前，广东省养殖池塘微生物生态系统的破坏和水资源的衰竭程度不能说与滥用药物无关，过去因鱼虾生病而用药，现在不少养殖户却是因为用药不当导致鱼虾发病，也就是专家指出的所谓"养虾的药病"。

其实，虾病药物本身有很大的特殊性，水产养殖业与畜牧业有根本性差别，许多兽用药物绝对不能作为虾药使用。有的药厂不断变换手法，推出什么"新药"、"特效药"，未经任何实验鉴定和政府批准，把一个药改头换面来个新包装，改个名字，便成了新药。这种背离商业道德的行为，严重坑害了虾农，造成不应有的损失，养殖者由于缺乏科学的识别能力，反而成了害死自己养殖对虾的凶手。因为不同的水产养殖品种，不同的养殖模式以及环境、季节等，用药量也不尽相同，给药物的选择增加了难度。在对虾病害防治中，存在着使用药物杂、剂量大、疗效不明显等问题，禁用药如孔雀石绿、敌百虫、氯霉素、六六六、磺胺脒等还在继续使用，屡禁不止。这显然与无公害健康养殖背道而驰。为此，应自觉使用国家颁布的推荐用药，注意药物相互作用，避免配伍禁忌。推广使用高效、低毒、低残留药物，并把药物防治、生态防治与免疫防治结合起来。我们认为这一点必须强调，使用对虾防病的药物需遵守以下几个标准：①对养殖池病原菌有显著的抑制作用；②使用后虾池内浮游生物在48小时内恢复到养殖环境的正常水平；③对养殖生物和主要基础生物种群无伤害；④使对虾养殖环境理化因子控制在指标变化允许范围；⑤使用后不能使养殖生物含有任何残毒。

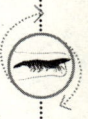

一、常用清塘消毒药物的取代物——有益微生物制剂

一般认为使用化学消毒剂清塘消毒最方便，但从当前水产病害控制实践来看，彻底消灭致病微生物的技术措施越来越难实现：因为任何药物都不可能只杀灭病原而不损害有益的生物群落结构，而现代的养殖工艺很大程度上仍然依赖这些天然的生物群落结构，以满足养殖对象的生理生态要求；另外，不可能使用消毒剂直接

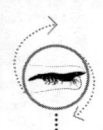

杀灭被感染者体内的病毒,若使用不当,消毒剂使被感染者产生损害,会破坏生态结构中的维持正常生态平衡的生物群落。

因此,采用化学消毒剂有两个原则:一是彻底消灭微生物,然后人工重新建立新的生物群落结构,特别是微生物及单胞藻群落,保持有益微生物的优势,有利于抑制病原生物的数量;二是有选择地、谨慎地使用药物,这个原则虽然增加了选药的难度,但符合用药的一个重要原则,就是专一性,目标越集中越好。

在养殖过程中,一般习惯用硫酸铜、漂白粉和高锰酸钾进行水体消毒,但这些药物即使用得很合理,也会给池塘带来污染,所以当前无公害健康养殖生产中是利用有益微生物制剂来调节水体的生态平衡,以达到防治病害的目的。

1. 微生物制剂在水产养殖防病中的功效

对虾养殖所用的微生物制剂主要是通过高效调节水质或水体微生态环境而间接地防治对虾的病害,也有的有益微生物可参与对虾体内的调节,微生物制剂有以下几方面的功效。

(1) 参与对虾体内的微生态调节 微生态制剂可调节对虾体内菌群结构、抑制有害生物的生长,减少和预防病害的发生。微生物制剂进入虾体后,在肠道内产生有益菌群,与致病菌争夺生存和繁殖空间,定居部位及营养素等。一方面有益微生物能与病原菌争夺营养或附着点,抑制其他微生物的生长,把它添加于饲料中,还能杀灭或抑制虾体病原微生物,为虾体提供良好的生存环境。另一方面有益微生物能分泌抑菌物质抑制病原体的增长,乳酸菌通过分泌细菌素、过氧化氢、有机酸(包括乳酸、乙酸、丙酸、丁酸等)等物质,使肠道的pH值下降,抑制有害病原微生物,所产生的过氧化氢能抑制病原体的繁殖,使有益微生物菌群占优势。

(2) 防止对虾体内有毒物质的积累 有益微生物制剂,如乳酸杆菌、链球菌、芽孢杆菌等可以阻止毒性胺和氨的合成。多数好氧菌产生超氧化物歧化酶(SOD),可帮助对虾消除氧自由基,有的益生菌,如芽孢杆菌可在虾体内产生氨基氧化酶及分解硫化物的酶类,从而降低血液及粪便中的氨,吸附有毒气体。

(3) 净化水质、清除污染物　由于养殖池塘经养殖后产生大量的残饵、粪便、生物尸体及有机污染物等，产生大量的氨、硫化氢等有毒物质，导致对虾发病。利用微生物制剂的水质净化剂在微生物代谢过程中具有气化、氨化、硝化、反硝化，解磷及固氮等作用，能将上述物质分解为二氧化碳、硝酸盐、硫酸盐等无机物质，被水体中微藻类加以利用，起到净化水质的作用。另外，有益微生物菌群还从两个方面间接起到增加水体溶氧的作用：一是通过降低 COD 而增加溶氧；二是通过促进藻类繁殖增加放氧量。目前常用的水质净化剂有光合细菌、枯草杆菌、芽孢杆菌。

(4) 提高对虾的免疫力　微生物制剂也是一种很好的饲料添加剂，能起到虾体免疫激活作用，提高免疫球蛋白浓度和巨噬细胞的活性，产生干扰素。通过非特异性免疫调节因子等促进机体免疫力的增强。对虾摄食益生菌能调整肠道的菌群构成，促进肠道微生态的改善与平衡，活化肠黏膜内的相关淋巴组织，提高免疫力，通过淋巴细胞再循环活化全身的免疫系统，从而增强对虾免疫力和抗病力。

(5) 促进对虾生长　在对虾饲料中添加微生物制剂为对虾补充营养，光合细菌的粗蛋白质含量高达 65%，富含维生素 B_{12}、钙、磷、生物素以及必需氨基酸和多种微量元素及辅酶 Q 等。此外，一些微生物在发酵代谢过程中产生促生长类的生理活性物质，有助于对虾对食物的吸收和消化，促进对虾的健康生长。

2. 微生物制剂是实施对虾无公害养殖的重要措施

水产养殖专家认为，当前水产养殖的药物防治疾病只是暂时性的手段，因为存在着影响食品安全和威胁人类健康等问题，生态防治才是今后唯一的出路。因此，要加强对微生物菌群的作用特点和优化养殖水域生态结构的研究。长期合理地应用微生物制剂必定会使养殖水域形成有益微生物菌群的生态优势，起到促进养殖生产健康发展达到良性循环的作用。随着分子生物学和微生物工程技术的发展，将有利于建立特定微生物物种降解水体污染的资料库，以指导养殖户更具体地针对水域的情况，选择适宜的有益微生物产品，以确保水产养殖向着无公害健康养殖的方向发展。

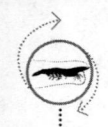

二、中草药在防治虾病中的应用

当前对虾病害的防治没有什么灵丹妙药,都是以防为主。一旦发现对虾发病了,许多虾农心急如焚,往往道听途说,滥用药物。如许多养殖业者只重视了环境与水质的问题,而忽略了增强虾的抗病力和免疫力。有的过分强调使用消毒化学药品,治标不治本,大量使用含氯消毒剂、抗生素以及社会上不法分子趁机推出的号称什么病毒都能治的"特效药"等。这种盲目施药方式,给健康养殖带来严重后果,严重影响了虾塘的生物之间相互依赖、相互制约的生态平衡关系,抑制了有益藻类的繁殖。如用药不当,把本来可以抑制病菌繁殖的优势单胞藻类给杀掉,反而使病菌大量繁殖,促使病毒发作,导致生态环境继续恶化。

目前,中草药药饵在养殖业中的应用还不够。抗菌性中草药不仅对细菌性疾病起作用,而且对某些病毒和真菌的防治也能起到一定的作用。以中草药研制的药饵会提高饲料的营养价值,副作用小,毒性低,残留时间短,易溶于水,不污染环境。中草药药饵的制备,大多是取晒干的穿心莲、大青叶、板蓝根、五倍子、大黄、大蒜粉、鱼腥草等磨碎成60目粉末,可单一加在饵料内,也可以几种混合使用,能增强虾体抗病力,对多种细菌和病毒有抑制作用。试验证明,许多中草药还能增强动物细胞的吞噬能力。很多中草药是广谱抗菌药,对于虾病的预防与治疗是不可缺少的,可产生抗生素和化学合成药物、矿物元素等所起不到的效果。

用中草药研制的药饵来防治虾病,是今后虾病防治的发展方向。有些虾农应用药饵时效果不一,主要原因是不了解中草药的特殊性质。不同的药饵因含药物的种类、含量及生产工艺等不同,效果也不同,要因地制宜,合理使用药饵。如何有理有力地使用中草药以达到防治虾病的目的是需要科研人员认真研究和解决的。

三、选择药物的原则

对虾病害防治中供选择的药物种类繁多,因此,只有对症下药才能收到效果。在选择虾病治疗药物时,首先要区分虾病的类型。

虾病大致可分为生物性与非生物性两大类，前者为传染性虾病，也是养殖期间危害最大的一类。

在选择药物时，应掌握具体情况，根据出现的问题对症下药。当然虾病不外乎是与环境压力、病原体侵入和对虾体质强弱这三者有关，即人们所说的致病三因素。药物防病的原理在于利用药物控制病原生物，改善环境条件，防止虾病发生。因此，在选择防病药物时，要根据池塘的现状、养殖的模式与要求达到的预防的目的，确定选择哪一类或哪一种药物。例如，要消除底泥中的硫化氢或降低水体中氨氮浓度达到改善环境的目的，则以物理方法与生物方法处理，用硅酸铁、沸石粉、白云石粉或者用一些氧化剂以及光合细菌效果较好。如果以杀灭或抑制病原微生物为目的，选择氧化剂、双链季铵盐、有机碘等较安全，隔24小时后施放有益微生物制剂效果好。同样，若要杀灭或抑制虾体的病原细菌应选择微生物制剂调整池塘的生态环境以培养池塘的有益单胞藻等微生物优势种类，抑制病原菌的繁殖，这是最理想的处理办法。

但是，在选择虾病防治药物时，只考虑药物的疗效是不全面的。一些药物，像福尔马林（甲醛）、硫酸铜、抗生素，虽有较好的疗效，但对虾类也有较大的毒副作用。有些药物，长期使用会造成环境污染及其他不良后果。另外，考虑到虾病防治一般用药量较大，成本较高，因此，在选用药物时还要掌握可行性的原则。

四、虾病防治要正确选用药物

防治虾病离不开药物，对症下药是首要的问题。要做到对症下药，除了对虾病的正确诊断外，还要了解药物的性能、作用机理、用量及其应用效果，力求达到准确、疗效高、毒性低、副作用小，充分发挥药物的效果。

在对虾养殖发展史上，先后出现过几代氯制剂消毒剂，但随着水产养殖集约化程度的提高，其弊端也日益明显。新型的消毒剂季铵盐等与传统的氯制剂相比，有如下几个较明显的特点：①广谱，快速，无毒，高效，用量小，对水中病原体病毒、细菌杀灭力强；②对水中有益藻类无杀灭作用，不影响水色；③消毒效力稳

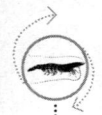

定，不受池水 pH 值及氨氮的影响。选用药物要从实际出发，做到不浪费，不滥用，科学准确。

五、要注意影响药物作用的因素

影响药物作用的因素包括以下几个方面。

（1）**药物因素** 包括药物的理化性质与化学结构、药物的用量、给药方法及药物在体内的代谢等。

（2）**机体因素** 药物对对虾的体质、种群结构等变化影响很大，因而呈现出不同的反应。个体大小以及养殖密度的反应也不同。

（3）**环境因素** 如池塘 pH 值、温度、盐度、溶氧等对药物反应都会产生不同的影响，因此，用药时必须注意水质、季度、气温等外界环境的变化。如水温对药物影响很大，含氯的消毒剂与其他一些化学消毒剂在温度相差 1℃ 时，消毒能力就有所不同，温度高，反应快，消毒效果显著。

六、对虾病害防治给药途径的选择

在对虾病害防治过程中，给药方法是否恰当，直接影响治疗效果。常用的给药方法主要有外用全池泼洒、浸泡法与口服法。也可以两种方法同时使用，内外结合治疗，以达到最佳的防治效果。

全池泼洒药物，使池水中药液达到一定浓度，杀灭虾体及池塘中的病原体，是对虾病害防治中常用的一种方法。采用此法时，首先要测量虾池中水的体积，然后按药物所需剂量和水的体积算出虾池总的用药量。此法杀灭病原体较彻底，防治均可使用。

药物浸泡法用药量少、操作简便，可人为控制，对体表和鳃上的病原生物控制效果好，是目前工厂化养殖常用的一种药浴方法。

在人工繁殖生产中从外地购买的亲虾及其受精卵也可用浸泡法进行消毒。

口服法是按一定剂量将药物均匀地加入饲料中，制成药饵，按时投喂虾类。可根据药物的性质采取不同的配制方法。对于性质比较稳定，在饲料加工过程中受热和光的影响不会很快就分解或变质的药物,如穿心莲、黄连素等,可将药物溶于水后再均匀喷洒在配合饲料中,制成药饵;对于性质不稳定,见光和热易分解变质的药物(如维生素C等)或微胶囊包膜的药物,可用茶水溶解后均匀喷洒在配合饲料上,稍晾干再喷洒一层植物油或鱼油,使药物表面有一层油膜(或使用鸡蛋清喷洒),这样能防止投喂后饲料中的药物溶于水中,剂量的计算一般是按饲料的定量计算,即每千克饲料用多少克药。口服法主要用于防治对虾寄生虫性传染病和营养缺乏引起的疾病或饲料中添加了能增强对虾免疫抗病力的物质。

七、使用药物的科学性

1. 把握用药时间

把握好用药时间关系到抑菌、杀菌及防治效果。全池泼洒的药物晴天使用效果好,雨天与阴天使用药物效果差。

口服药物要根据对虾养殖的种类来确定,日本对虾应在傍晚或夜间投喂药饵,因为这类对虾是白天潜伏在池底,晚上才出来活动觅食的。因此,在夜间投喂药饵防治效果好。

2. 虾病防治需要一定的疗程

养虾户应按照药物的使用说明,严格遵守用药次数和全程用药量,切勿随意增减,对毒性大的或消失慢的药物,应规定每日的用量和疗程,以免造成药物不必要的浪费,若使用不当还会污染环境,因此,要准确计算用量。

3. 提高药饵的质量

在研制药饵时有预防和治疗之分。预防的药物要针对对虾不同生长时间而研制,随时改变药饵的含量和种类。不管是预防还是治疗的药饵,都要求对虾喜食,诱食性较强,否则,入水后药物易流失,影响疗效。

4. 轮换使用药物

长期或反复使用一种药物,易引发药效减退或无效。因此,不要长期使用单一品种的药物,这样可以消除病原体抗药种群的形

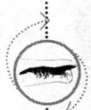

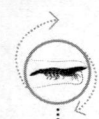

成。轮换品种养殖时选用不同的药物效果会更好。

5. 要注意药物的拮抗与协同作用

在生产中，两种以上的药物混合使用时，会出现不同的结果。

拮抗作用是指药效互相抵消而减弱。如生石灰不能与漂白粉、有机氧、重金属盐、有机结合物混用。

协同作用是指药物互相协助而药效加强。

因此，不能随便混合使用渔药。应特别注意的是不要用敌百虫与其他药物合用，因其毒性强，危害人体，而且敌百虫与碱性物质合用会生成毒性很强的敌敌畏。有些药物可以混用，如大黄与氨水合用可提高药效 10 多倍。

八、使用药物注意事项

为了最大限度地发挥药效，应科学地选择药物，避免使用不当而造成危害。

1. 用药量要适当

药物用量即药物的浓度或剂量，是直接影响药效的重要因素之一。一般说来，在一定范围内，同一药物的用量增加或减少，其药力也会相应地增加或减少，即所谓用量与疗效的关系。药量浓度过低时，不能达到疗效。能够产生效应的最低药物浓度称为最低效应浓度（minimal effective concentration）。超过最低效应浓度并能产生明显疗效，但又不引起毒副反应的药物浓度称为安全浓度（safe concentration）。超过安全浓度，并能引起毒副反应的最低浓度称为最小中毒浓度（minimal toxic concentration）。能够导致对虾死亡的浓度，称为致死浓度（lethal concentration），其中能引起 50% 对虾死亡的浓度，称为半致死浓度（median lethal concentration）。所以用药量一定要控制好，否则会导致对虾死亡加快，虾病更易爆发。

2. 疗程要充足

药物效应不一定立即发生，也不是永久不变的，治疗期长短不同，药物效应也会不同。这种时间与效应的关系称为时效关系

(time effect relationship)。

抗生素类药物治疗期一般为 5~7 天。因为疗程不够如同剂量不足，会导致病原菌通过遗传基因的变异等，对药物产生抗药性。某些原生动物也有抗药性变异问题，而且是化学治疗中普遍存在的现象，必须引起注意。因此，现在推广用中草药来防治虾病，具有许多优点。

3. 环境因子对药物的影响

对虾生活在相当复杂的海水环境或咸淡水水域中，而海水理化因子中的温度、盐度、酸碱度、氨氮和有机物（包括溶解和非溶解态）含量以及生物密度（生物量）等，都是影响药效的重要因素。一般认为，药效随海水盐度的升高而减弱（茶粕除外）随温度升高而增强。通常温度每提高 10℃ 药力可提高 1 倍左右。

海水的 pH 值（酸碱度）不同对药物也有影响。酸性的药物、阴离子表面活性剂等在海水碱性环境作用下减弱了碱性物质（如卡那霉素）及阳离子表面活性剂和磺胺类等药物的作用，药力随 pH 值的升高而增强。又如漂白粉在碱性环境中，由于生成的次氯酸易解离成次氯酸根离子，因而作用减弱。除上述因素外，水体中有机物的大量出现，通常可减弱多种药物的抗菌效果，尤其是化学消毒剂更为明显。所以，在用药时必须对水质进行检测，然后选择合适的药物种类，才能达到目的。

4. 选用消毒剂的注意事项

所选消毒剂应对虾塘病原菌有显著的抑制作用，不损害虾塘内基础饲料生物类群。无论使用什么药物，对养殖水质理化性质的影响必须控制在水质标准变化幅度允许范围之内。

5. 使用内服药物时的注意事项

①所用内服药物能增强对虾抗病力，提高免疫力，促进生长。
②保护对虾肝胰脏，不能有任何副作用。
③及时补充营养物质，引诱性强，不能使对虾出现耐药性和抗药性而引起中毒。
④未经过科研单位鉴定，国家不认可，未批准的药物请勿盲目

使用,滥用药物会造成惨重的损失。

总之,药物是在不得已的情况下使用,一般可用可不用的药物不用为宜。养殖户首先要诊断对虾是否发生疾病,向专家咨询,然后再确定是否用药。用什么药都要按《无公害食品　渔用药物使用准则》(NY 5071—2002)的要求合理使用,对症下药,确保水质环境的稳定与安全,使养殖的商品虾是安全食品,真正做到无公害健康养殖。

附 录

附录1 虾苗、饲料、药物相关厂商

一、广州市欣海利生生物科技有限公司

中国水产科学研究院南海水产研究所创建于1953年,本部设在广州市。经过半个世纪的建设,已发展成为面向南海区,从事热带亚热带水产基础与应用基础研究、水产高新技术研究和水产重大应用技术研究的社会公益性和基础性科学研究机构。

广州市欣海利生生物科技有限公司是中国水产科学研究院南海水产研究所下属的具有科研、开发、技术服务和技术培训功能的公司。该公司以南海水产研究所雄厚的科技力量为依托,由长期从事水产增养殖、病害防治、水产动物营养与饲料、渔业生态、生物技术研究与开发的科技人员组成,形成一支集科研、开发、技术服务与培训一体化的专家技术队伍。专业从事渔业生态环境微生物修复技术、水产健康养殖技术、水产动物营养生理、水产饲料绿色添加剂、水产饲料优化配方及生产工艺的研究开发工作。该中心在20世纪80年代中期开展了有益微生物在饲料中的应用研究;20世纪90年代初开展了有益微生物改良养殖生态及防病的研究,创立了健康养殖新模式"微生物调控法",是国内最早生产芽孢杆菌、光合细菌、乳酸菌和水产专用肥料等健康养殖产品的单位之一,其中"加强型利生素"、"利生健"、"光合细菌"、"活水素(EM)"、"单细胞藻类生长素"等产品已成为深受养殖业者喜欢的名牌产品。"微生物调控法"和健康养殖产品经十几年来的推广应用,效果显著,已得到广大养殖者的认可,覆盖国内十几个省市及东南亚部分国家,形成了稳定的产品销售和技术服务网络。

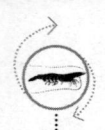

近年来,该公司先后获得了多项重大科技奖励。其中,《微生物改良养殖生态及防病研究》项目获2000年度广东省科学技术进步奖二等奖和中国水产科学研究院科技进步奖二等奖;《微生物改良养殖生态技术的推广应用》项目获2001年度广东省农业技术推广奖一等奖;《水产养殖清洁剂及应用示范》项目获2003年度广东省科学技术进步奖二等奖和国家海洋局海洋创新成果奖二等奖;《微生物工程技术在规模化养虾中的应用》项目获2005年度全国农牧渔业丰收奖一等奖;《对虾饲料专用高效益生素与免疫增强剂的研制》项目先后获2005年度中国水产科学研究院科技进步奖二等奖和2006年度广东省科学技术奖三等奖;《大规格优质成品对虾养殖技术》项目获2006年度中国水产科学研究院科学技术进步奖二等奖和2007年度广东省科学技术奖二等奖;《对虾清洁养殖系统技术的推广应用》项目获2008年度广东省农业技术推广奖一等奖。

在雄厚的科研力量支持下,该中心不断创新,不断努力,不断提高产品质量,不断开发新的优质产品,服务水产养殖业。

联系电话:020-84184733

传　　真:020-84195172

联系地址:广东省广州市新港西路231号

邮　　编:510300

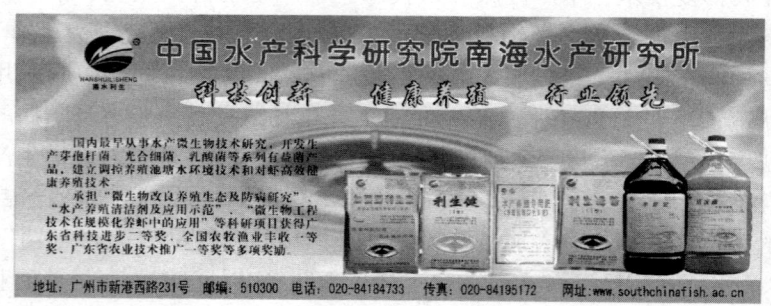

附表1-1 广州市欣海利生生物科技有限公司水产健康养殖系列产品简介

类别	产品名称	特点和用途	包装规格
微生物类	加强型利生素	有机载体的有益芽孢杆菌复合制剂,培水效果好,分解能力强,适用于养殖前、中期,也可全程使用	1千克×10包/箱
	利生活菌Ⅰ型 利生活菌Ⅱ型	无机有机复合载体有益芽孢杆菌复合制剂,菌种纯,降解能力强,适合养殖全程使用	1千克×10包/箱
	利生健Ⅰ型	无机矿物载体有益芽孢杆菌复合制剂,菌种纯,分解能力强,适用养殖中、后期,也可全程使用	1千克×10包/箱
	利生健Ⅱ型	无机矿物载体有益芽孢杆菌复合制剂,菌种纯,分解能力强,适用养殖中、后期,也可全程使用	500克×20包/箱
	利生硝化素	高纯度有益芽孢杆菌,具硝化—反硝化作用,快速降解养殖水体亚硝酸盐	1千克×10包/箱
	苗康达	活性有益芽孢杆菌,菌种纯,用于育苗水体	500克×12瓶/箱
	丰虾宝 高浓度光合细菌	高活性光合细菌,降低氨氮、亚硝酸盐、硫化氢等,增加溶氧,控制藻类过度繁殖,稳定水色,是养殖动物幼体开口饵料	5千克×4瓶/箱
	光合细菌	降低氨氮、亚硝酸盐、硫化氢等,净化水质,是养殖动物幼体开口饵料	20千克/桶 (加送2千克)
	肥水光合细菌	降低氨氮、亚硝酸盐、硫化氢等,稳定水色,促进有益藻类生长	20千克/桶 (加送2千克)
	活水素Ⅱ型 (浓缩EM)	高浓度乳酸菌及多种有益菌,浓度高,快速改良水质	5.5千克×4瓶/箱
	利生优酸乳	浓缩乳酸菌,拌料内服促消化,降低饵料系数,泼水可分解吸收富余营养物、改良水质	1千克×12瓶/箱
	肥水EM	含乳酸菌及多种有益菌和浮游藻类生长素,快速肥水	20千克/桶 (加送2千克)
	活水素(EM)	含乳酸菌及多种有益菌,改良水质	20千克/桶 (加送2千克)
	利生硝化宝	高活性硝化细菌,快速降解养殖水体亚硝酸盐	20千克/桶

续表

类别	产品名称	特点和用途	包装规格
专用肥类	单细胞藻类生长素	无机复合营养素，快速培养微藻，适用池底有机质较多的池塘或与有机肥配合使用	4千克×5包/袋
	肥水师傅	有机无机复合营养素，培养微藻，适用于池底干净的池塘	4千克×5包/箱
	肥水快	有机生物营养素，培养微藻，适用于池底干净的池塘；与无机肥配合使用，效果更佳	15千克/袋
	速效肥水素	精制有机营养素，培养微藻，适合池底干净的池塘	15千克/袋
	利生保水王	含蛋白质、氨基酸和N、P、K等有益微量元素，快速培养微藻，适用于养殖过程中的不同时期	10千克/桶
养殖环境调节剂类	池底净	净水，吸收有毒物质，清洁池底，改善水体质量，长效增氧	2千克×5包/箱
	爽水灵（箱装）	精制腐殖酸，络合有毒有害物质，平衡酸碱度，稳定水色	2千克×10包/箱
	爽水灵（袋装）	精制腐殖酸，络合有毒有害物质，平衡酸碱度，稳定水色	5千克/袋
	利生降解灵	辛桂有机盐、络合剂，解毒、改水、抗应激	500克×20包/箱
	利生解毒宝	有机酸、络合剂、氨基酸、生态修复剂，抗应激以及络合、消除药残和重金属	1千克×12瓶/箱
	利生粒粒氧	过碳酸钠、稳定剂、增效剂，水体长效增氧	500克×20包/箱
	高效增氧剂	快速增氧，含有微量元素，改善水体质量	1千克×10包/箱
	利生硬壳宝	含离子钙、增效剂及其他矿物元素，补充矿物元素，缓解软壳症状	1千克×12瓶/箱

续表

类别	产品名称	特点和用途	包装规格
养殖环境调节剂类	水产养殖环境调节剂A（微生物型）	含有益微生物、微量元素，分解有机物，改良水质和底质	10千克/袋
	水产养殖环境调节剂B（净水型）	含清凉物质、微量元素，络合水中悬浮物净化水质、改良底质	10千克/袋
	水产养殖环境调节剂C（中药型）	含天然植物提取物质、微量元素，解毒杀菌，调节养殖水体环境	10千克/袋
饲料类	利生添宝	有益芽孢杆菌，改善肠道微生态，促进消化，提高饲料转化率，提高生长速度和成活率	20千克/袋
	健宝	中草药复合制剂，抗菌抗病毒，提高免疫力，提高生长速度和成活率，促进消化，提高饲料转化率	200克×20瓶/箱
	健虾宝	维生素C、维生素E、微量元素、抗应激物，补充对虾、水体营养，提高抗应激能力	500克×20包/箱
	利多酶	含蛋白酶、淀粉酶、芽孢杆菌等，帮助消化，调整肠道微生态	100克×60包/箱
	虾蟹蜕壳素	植物甾醇，促进虾蟹正常蜕壳	100克×50包/箱
	虾用多维	多种维生素（符合对虾需求配比）	200克×40包/箱
	对虾免疫蛋白	含天然昆虫提取物，增强水产养殖动物免疫功能	200克×15包/箱
	高效营养素	含多种复合维生素、多种矿物元素、免疫多糖，补充营养、增强体质	200克×40包/箱
	水产畜禽预混饲料	多种维生素、微量元素、有益活性微生物、高活性消化酶、天然促生长因子等物质	20千克/袋
消毒剂类	塘毒清（原名"百毒清"）	二氧化氯消毒剂，水体消毒，并有增氧除臭和防腐作用	600克×20包/箱 400克×20包/箱
	聚维酮碘溶液	杀灭细菌、寄生虫和病毒	1千克×12瓶/箱

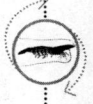

二、广东恒兴集团有限公司

广东恒兴集团有限公司是一家集饲料生产、科研开发、水产和畜禽养殖、种苗繁育、水产品加工、生物制药、机械制造、进出口贸易于一体的跨地区、跨行业的大型民营企业。集团下辖独资、合资企业33家,现有总资产22亿元,员工7 000多人,年生产畜禽、水产饲料120万吨,年产值逾48亿元,进入全国民营企业500强和全国饲料行业10强,被评定为"农业产业化国家重点龙头企业"、"国家火炬计划重点高新技术企业"、"中国优秀民营科技企业"、"广东省渔业产业化龙头企业"、"广东省百强民营企业",并获得"全国守合同重信用企业"、"广东省优秀民营企业"、"广东省模范纳税户"、"广东省著名商标"、"产品质量国家免检"等称号。

该公司坚持"以市场为导向、以科技为动力、以服务为核心、以员工为基础、以客户为根本"的经营理念,积极推行"公司+基地+农户"及"订单农业"的经营模式,坚持走"产、加、销"一条龙,"产、学、研"相结合的发展之路,全面提升企业的核心竞争力和自主创新能力。

恒兴集团致力于发展水产、家禽产业,引导和推动行业的发展,为农民创造价值,为消费者提供安全、营养、健康的食品,成为持续创造价值的、最值得信赖的农业专业化公司。

国家"863"项目海水养殖种子工程南方基地,是广东恒兴集团湛江恒兴南方海洋科技有限公司投资1.2亿元与中山大学、中国海洋大学、广东海洋大学、中国科学院南海海洋研究所、中国水产科学研究院南海水产研究所合作经营的高新技术股份制企业。

该公司有基地面积600多亩,其中幼体、育苗车间水体20 000立方米,优质种虾选育面积150亩,示范养殖面积300亩。育苗场有:湛江东海岛中心基地育苗场、生态育苗场、大东海育苗场;珠海育苗场;汕尾育苗场;广西北海育苗场、防城育苗场;福建龙海育苗场等。年培育南美白对虾无节幼体600亿尾、虾苗150亿尾、种虾15万对,培育草虾无节幼体50亿尾、虾苗18亿尾。

该公司坚持以科技为本,拥有一大批高、中级水产技术人才,聘请30多位国内外专家、教授指导科研和生产，密切与美国夏威夷海洋研究所（OI）、美国高健康水产养殖公司（HHA）和迈阿密虾改良公司（SIS）进行技术交流和合作，技术力量雄厚。

联系电话：0759－3638009

联系地址：广东省湛江市麻章经济开发区金康中路

邮　　编：524094

三、湛江海茂水产生物科技有限公司

该公司是国家级对虾良种场（在建）、广东省省级对虾良种场、广东省高新技术企业、广东省健康农业科技示范基地、广东省星火技术产业带建设示范单位、广东省农业科技创新中心（在建），是集科研、开发、生产、销售及技术服务为一体的水产苗种集团公司。主要经营南美白对虾、斑节对虾幼体和种苗，年生产销售SPF对虾幼体800亿尾，种苗50亿尾。

该公司的核心生产理念为"可控、生态、高效、优质"。配套有国际先进的微藻纯种保种及培养系统、水处理设备、生态育苗技术体系以及可进行浮游生物、微生物、病毒检测的实验室，做到生产过程全程可控，实现生态育苗、生产高效、产品质优。

该公司技术力量雄厚，拥有一支优良、可靠的技术队伍，并聘请了水产专家作为公司的智囊团。通过独立或合作的科研项目，该公司荣获湛江市科学技术进步奖二等奖和广东省科学技术进步奖二等奖各一项。

联系电话：0759－2939518

联系地址：广东省湛江市东海岛东南码头西侧

邮　　编：524000

E-mail：zjhmglc@163.com

四、广东粤海饲料集团

广东粤海饲料集团是一家集研发、生产、销售于一体，以水产动物饲料、水产种苗、添加剂预混料为主营业务的"国家火炬计划重点高新技术企业"，我国大型的集团化优质水产饲料生产基地。集团下属9家子公司,分布于广东、广西、浙江、江苏等沿海地区,年生产能力达30万吨。集团现有员工1 500人,本、专科及以上学历者达36%,其中博士4人,高级工程师9人,工程师32人。

粤海饲料产品以其高科技、高品质在行业中享有盛誉。粤海牌斑节对虾饲料系列与南美白对虾饲料系列等主打产品不断进行技术升级,屡获殊荣:获广东省科学技术进步奖4项,获国家发明专利10项,1999年获我国科技部与埃及社会发展基金会联合颁发的"金字塔奖"、"广东省优质产品奖"和"中国国际农业博览会名牌产品"荣誉称号,2004年被认定为"广东省名牌产品",2005年荣获"国家免检产品"称号并通过中国饲料产品认证,2007年荣获"中国名牌产品"称号。

粤海饲料集团坚持技术制胜战略,精心打造产品的核心竞争力,自主开发核心技术的能力在国内处于领先水平。投资数千万元建立了广东省省级企业技术中心、广东省水产动物饲料工程技术研究开发中心、科技部湛江海洋产业基地水产技术服务中心,建有中试基地3个,养殖示范基地2个,水产动物病害检测中心5个。该集团坚持产学研合作的项目运作模式,与中国海洋大学、广东海洋大学、中山大学、中国科学院南海海洋研究所等高校和科研院所合作,目前已完成研发项目100多项,在研课题58项,其中包括国家级项目10项、省级项目25项、市级项目23项。

粤海饲料集团建立了完善的市场营销网络系统,不断强化服务能力建设,与客户建立了紧密的合作关系,旗下的"粤海牌"、"粤佳牌"、"海佳牌"、"海荣牌"、"海轩牌"系列水产饲料可满足不同客户、不同养殖品种的需求。拥有一支200多人的营销队伍,其成员皆由水产养殖专业毕业的大学生和具有丰富养殖经验的技术人员组成;聘请中国海洋大学等高校和科研单位的权威专家组成专家组,免费为客户提供技术咨询和培训服务;出版技术刊物《粤海通讯》,在集团网站构建网上技术服务平台,为客户提供各类养殖资料和信息。"选择粤海,选择成功"成为广大客户的共识。

粤海饲料集团以促进我国水产养殖事业可持续发展为己任,以赶超世界先进水平为目标,构建种苗、饲料、养殖、加工一体化的完整产业链,打造中国最强、世界一流的水产饲料企业集团。

联系电话:0759-2323653

联系地址:广东省湛江市霞山区机场路22号

邮　　编:524017

粤海饲料集团产品介绍

1. 日本对虾(花虾)料

产品原料:以进口鱼粉、豆粕、花生麸、乌贼粉、高筋面粉、自制添加剂等为主要原料。

产品特性:产品饵料系数低,消化利用率高,对环境污染小,适合高密度养殖;虾抗病力强,成活率高,生长迅速,养殖周期短;肥满度高,体色光鲜,健壮生猛。

产品配方工艺:粤海饲料系列产品吸取国内外最新研究成果、不断改进配方、反复实验研制。

配方充分考虑鱼、虾的食性,选料新鲜,添加特殊的诱食剂,适口性特佳,营养均衡。

不加黏合剂,采用特殊的后调质及 TK 系列逆流冷却器处理,饲料在水中稳定性强。

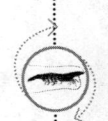

2. 南美白对虾(白虾)料

产品原料:以进口鱼粉、豆粕、花生麸、乌贼粉、高筋面粉、自制添加剂等为主要原料。

产品特性:产品饵料系数低,消化利用率高,对环境污染小,适合高密度养殖。虾抗病力强,成活率高,生长迅速,养殖周期短。肥满度高,体色光鲜,健壮生猛。

产品配方工艺:粤海饲料系列产品吸取国内外最新研究成果、不断改进配方、反复实验研制。

配方充分考虑鱼、虾的食性,选料新鲜,添加特殊的诱食剂,适口性特佳,营养均衡。

不加黏合剂，采用特殊的后调质及 TK 系列逆流冷却器处理，饲料在水中稳定性强。

附表1-2 南美白对虾饲料推荐给料参考

产品名称	每天投喂次数	体长阶段/厘米	每天投喂量（体重%）
南美白对虾幼虾 0 号料	3	<4.5	10~15
南美白对虾幼虾 1 号料	3	<4.5	10~15
南美白对虾幼虾 2 号料	3	4.5~7.0	6~10
南美白对虾幼虾 2L 号料	4	4.5~7.0	6~10
南美白对虾中 3 号料	4	>7.0	4~6
南美白对虾中成虾 4 号料	4	>9.5	4~6
南美白对虾肥虾 3 号料	4	>9.5	4~6
南美白对虾经济型 2 号料	4	4.5~7.0	6~10
南美白对虾经济型 3 号料	4	>9.5	4~6
南美白对虾虾苗苗期料 A	3	<3.0	10~15
南美白对虾虾苗苗期料 B	3	<3.0	10~15
南美白对虾中虾后期 3 号料	4	>9.5	4~6

注：①以上投料标准仅供参考，可依据天气、虾的食欲适当调整投饵量，每次投饵量以 1 小时吃完为准；②产品贮存于阴凉、通风、干燥处，防止日晒雨淋；③开封后尽快使用，以免受潮；④本产品在干燥、阴凉条件下保质期限为 3 个月。

五、广东海大集团股份有限公司

广东海大集团股份有限公司是一家集研发、生产和销售水产饲料、畜禽饲料和水产饲料预混料以及健康养殖相关产品为主营业务的高科技上市公司，以"科技兴农，改变农村现状"为神圣使命，以水产预混料、水产和畜禽配合饲料为主营产品，向广大养户提供养殖全过程的技术服务。海大集团已经实现了在全国重点水产养殖区域的生产和销售，在全国拥有近 40 家下属公司和 6 个中试基地。2005 年该集团进入行业 30 强，2007 年进入行业 10 强。

海大集团 1998 年起步于中国南海之滨，依靠技术优势，4 年间水产预混料产品升至全国第一；2001 年进入水产配合饲料领域，其淡水鱼料快速升至行业第二；2003 年进入对虾饲料领域，目前位居行业三甲；2004年进入膨化料领域，目前已居行业第一。

多年来，海大集团先后获得"中国名牌"、"广东省著名商标"、"广东省名牌产品"等殊荣，被认定为"农业产业化国家重点龙头企业"、"国家农产品加工技术研发专业分中心"、"高新技术企业"等。该集团资金充足，银行信誉评级为AAA级。该集团积极倡导绿色健康养殖，所属分（子）公司均通过了ISO 9000、HACCP认证。

该集团主要产品包括"海因特牌"水产预混料、浓缩料；"海大牌"、"海龙牌"、"大川牌"、"海贝牌"、"凤光牌"、"容川牌"鱼料、虾料、畜禽料；"海联科牌"渔药以及鱼苗、虾苗。

联系电话：020-39388666

联系地址：广东省广州市番禺区番禺大道北555号天安节能科技园创新大厦213室

邮　　编：511400

六、广东省现代农业集团研究院有限公司

该公司隶属于广东省现代农业集团（成立于2000年9月，农业产业化国家级重点龙头企业），建有标准化实验室1 000平方米，人才队伍中具有国内和国外博士、硕士学位的有15人。该公司紧密围绕国家经济社会发展需求和集团发展需要，开展应用基础和技术研究，为企业和行业的可持续发展提供技术产品和技术支撑。目前开展的主要研究方向有：①养猪与猪病研究；②饲料与动物营养研究；③作物育种研究；④动物生物制品研究；⑤诊断与检测技术研究；⑥水生动物饲料与病害防治研究。

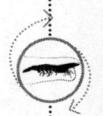

该公司以市场为导向，以产学研战略联盟为依托，以"培育技术、培育人才、培育市场、培育企业核心竞争力和引领企业发展方向"为己任，强化企业前瞻性、战略性研究开发，扎实推进企业自主创新能力建设，将现代农业集团打造成为我国农业产业化领域重大应用技术研究开发的骨干基地、科技成果转化的示范基地和行业高素质人才的聚集阵地，为现代农业集团成长为国内一流的大型企业集团提供技术支撑和人才支撑。

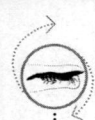

现有技术和产品：①《双歧杆菌复合活菌制剂》的研制及微胶囊包被技术获国家专利 ZL98106764.6；国际专利主分类号 A61K35/74，获农业部生物制品新兽药证书 2003 第（03）号；获其他专利 3 项；②益康肽：纯植物发酵产品；③海水鱼系列预混料；④罗非鱼预混料；⑤特种水产经济鱼类预混料；⑥系列水质改良微生态制剂。

联系电话：（+86）020-85561766

传　　真：（+86）020-85562289

联系地址：广东省广州市天河区华景路华晖街 2 号首层

邮政编码：510630

附录2 养殖用水水质标准

一、渔业水域水质

渔业水域的水质应符合《渔业水质标准》(GB 11607—1989)的要求(附表2-1)。

附表2-1 渔业水质标准

序号	项目	标准值
1	色、臭、味	不得使鱼、虾、贝、藻类带有异色、异臭、异味
2	漂浮物质	水面不得出现明显油膜或浮沫
3	悬浮物质	人为增加的量不得超过10,而且悬浮物质沉积于底部后,不得对鱼、虾、贝类产生有害的影响
4	pH值	淡水为6.5~8.5,海水为7.0~8.5
5	溶解氧/(毫克·升$^{-1}$)	连续24小时中,16小时以上必须大于5,其余任何时候不得低于3,对于鲑科鱼类栖息水域冰封期其余任何时候不得低于4
6	生化需氧量(5天、20℃)(毫克·升$^{-1}$)	不超过5,冰封期不超过3
7	总大肠菌群/(个·升$^{-1}$)	不超过5 000(贝类养殖水质不超过500)
8	汞/(毫克·升$^{-1}$)	≤0.000 5
9	镉/(毫克·升$^{-1}$)	≤0.005
10	铅/(毫克·升$^{-1}$)	≤0.05
11	铬/(毫克·升$^{-1}$)	≤0.1
12	铜/(毫克·升$^{-1}$)	≤0.01
13	锌/(毫克·升$^{-1}$)	≤0.1
14	镍/(毫克·升$^{-1}$)	≤0.05
15	砷/(毫克·升$^{-1}$)	≤0.05

续表

序号	项目	标准值
16	氰化物/（毫克·升$^{-1}$）	≤0.005
17	硫化物/（毫克·升$^{-1}$）	≤0.2
18	氟化物（以 F$^-$ 计）/（毫克·升$^{-1}$）	≤1
19	非离子氨/（毫克·升$^{-1}$）	≤0.02
20	凯氏氮/（毫克·升$^{-1}$）	≤0.05
21	挥发性酚/（毫克·升$^{-1}$）	≤0.005
22	黄磷/（毫克·升$^{-1}$）	≤0.001
23	石油类/（毫克·升$^{-1}$）	≤0.05
24	丙烯腈/（毫克·升$^{-1}$）	≤0.5
25	丙烯醛/（毫克·升$^{-1}$）	≤0.02
26	六六六（丙体）/（毫克·升$^{-1}$）	≤0.002
27	滴滴涕/（毫克·升$^{-1}$）	≤0.001
28	马拉硫磷/（毫克·升$^{-1}$）	≤0.005
29	五氯酚钠/（毫克·升$^{-1}$）	≤0.01
30	乐果/（毫克·升$^{-1}$）	≤0.1
31	甲胺磷/（毫克·升$^{-1}$）	≤1
32	甲基对硫磷/（毫克·升$^{-1}$）	≤0.0005
33	呋喃丹/（毫克·升$^{-1}$）	≤0.01

资料来源：中华人民共和国国家标准 GB 11607—1989。

二、海水养殖水质

海水养殖的水质应符合《无公害食品 海水养殖用水水质》（NY 5052—2001）的要求（附表 2-2）。

附表 2-2 海水养殖水质要求

序号	项目	标准值
1	色、臭、味	海水养殖水体不得有异色、异臭、异味
2	大肠菌群/（个·升$^{-1}$）	≤5 000，供人生食的贝类养殖水质≤500
3	粪大肠菌群/（个·升$^{-1}$）	≤2 000，供人生食的贝类养殖水质≤140
4	汞/（毫克·升$^{-1}$）	≤0.0002

续表

序号	项目	标准值
5	镉/(毫克·升$^{-1}$)	≤0.005
6	铅/(毫克·升$^{-1}$)	≤0.05
7	六价铬/(毫克·升$^{-1}$)	≤0.01
8	总铬/(毫克·升$^{-1}$)	≤0.1
9	砷/(毫克·升$^{-1}$)	≤0.03
10	铜/(毫克·升$^{-1}$)	≤0.01
11	锌/(毫克·升$^{-1}$)	≤0.1
12	硒/(毫克·升$^{-1}$)	≤0.02
13	氰化物/(毫克·升$^{-1}$)	≤0.005
14	挥发性酚/(毫克·升$^{-1}$)	≤0.005
15	石油类/(毫克·升$^{-1}$)	≤0.05
16	六六六/(毫克·升$^{-1}$)	≤0.001
17	滴滴涕/(毫克·升$^{-1}$)	≤0.00005
18	马拉硫磷/(毫克·升$^{-1}$)	≤0.0005
19	甲基对硫磷/(毫克·升$^{-1}$)	≤0.0005
20	乐果/(毫克·升$^{-1}$)	≤0.1
21	多氯联苯/(毫克·升$^{-1}$)	≤0.00002

资料来源：中华人民共和国农业行业标准 NY 5052—2001。

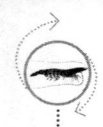

附录3 渔用药物使用和禁用渔药

附表3-1 渔用药物使用方法

渔药名称	用途	用法与用量	休药期/天	注意事项
氧化钙（生石灰）	用于改善池塘环境,清除敌害生物及预防部分细菌性鱼病	带水清塘:200毫克/升~250毫克/升(虾类:350毫克/升~400毫克/升) 全池泼洒:20毫克/升~25毫克/升(虾类:15毫克/升~30毫克/升)		不能与漂白粉、有机氯、重金属盐、有机络合物混用
漂白粉	用于清塘、改善池塘环境及细菌性皮肤病、烂鳃病、出血病	带水清塘:20毫克/升 全池泼洒:1.0毫克/升~1.5毫克/升	≥5	①勿用金属容器盛装;②勿与酸、铵盐、生石灰混用
二氯异氰尿酸钠	用于清塘及防治细菌性皮肤溃疡病、烂鳃病、出血病	全池泼洒:0.3毫克/升~0.6毫克/升	≥10	勿用金属容器盛装
三氯异氰尿酸	用于清塘及防治细菌性皮肤溃疡病、烂鳃病、出血病	全池泼洒:0.2毫克/升~0.5毫克/升	≥10	①勿用金属容器盛装;②针对不同的鱼类和水体的pH值,使用量应适当增减
二氧化氯	用于防治细菌性皮肤病、烂鳃病、出血病	浸浴:20毫克/升~40毫克/升,5分钟~10分钟 全池泼洒:0.1毫克/升~0.2毫克/升,严重时0.3毫克/升~0.6毫克/升	≥10	①勿用金属容器盛装;②勿与其他消毒剂混用

续表

渔药名称	用途	用法与用量	休药期/天	注意事项
二溴海因	用于防治细菌性和病毒性疾病	全池泼洒:0.2毫克/升~0.3毫克/升		
氯化钠（食盐）	用于防治细菌性、真菌性寄生虫疾病	浸浴:1%~3%,5分钟~20分钟		
硫酸铜（蓝矾、胆矾、石胆）	用于治疗纤毛虫、鞭毛虫等寄生性虫病	浸浴:8毫克/升(海水鱼类:8毫克/升~10毫克/升),15分钟~30分钟 全池泼洒:0.5毫克/升~0.7毫克/升(海水鱼类:0.7毫克/升~1.0毫克/升)		①常与硫酸亚铁合用;②广东鲂慎用;③勿用金属容器盛装;④使用后注意池塘增氧;⑤不宜用于治疗小瓜虫病
硫酸亚铁（硫酸低铁、绿矾、青矾）	用于治疗纤毛虫、鞭毛虫等寄生性虫病	全池泼洒:0.2毫克/升(与硫酸铜合用)		①治疗寄生性原虫时需与硫酸铜合用;②乌鳢慎用
高锰酸钾（锰酸低铁、绿矾、青矾）	用于杀灭锚头鳋	浸浴:10毫克/升~20毫克/升,15分钟~30分钟 全池泼洒:4毫克/升~7毫克/升		①水中有机物含量高时药效降低;②不宜在强烈阳光下使用
四烷基季铵盐络合（季铵盐含量为50%）	对病毒、细菌、纤毛虫、藻类有杀灭作用	全池泼洒:0.3毫克/升(虾类相同)		①勿与碱性物质同时使用;②勿与阴性离子表面活性剂混用;③使用后注意池塘增氧;④勿用金属容器盛装

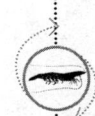

续表

渔药名称	用途	用法与用量	休药期/天	注意事项
大蒜	用于防治细菌性肠炎病	拌饵投喂:10克/千克体重~30克/千克体重,连用4天~6天(海水鱼类相同)		
大蒜素粉	用于防治细菌性肠炎病	0.2克/千克体重,连用4天~6天(海水鱼类相同)		
大黄	用于防治细菌性肠炎病、烂鳃病	全池泼洒:2.5毫克/升~4.0毫克/升(海水鱼类相同) 拌饵投喂:5克/千克体重~10克/千克体重,连用4天~6天(海水鱼类相同)		投喂时常与黄芩、黄柏合用(三者比例为5:2:3)
黄芩	用于防治细菌性肠炎病、烂鳃病、赤皮病、出血病	拌饵投喂:2克/千克体重~4克/千克体重,连用4天~6天(海水鱼类相同)		投喂时需与大黄、黄柏合用(三者比例为2:5:3)
黄柏	用于防治细菌性肠炎病、出血病	拌饵投喂:3克/千克体重~6克/千克体重,连用4天~6天(海水鱼类相同)		投喂时需与大黄、黄芩合用(三者比例为3:5:2)
五倍子	用于防治细菌性烂鳃病、赤皮病、白皮病、疖疮病	全池泼洒:2毫克/升~4毫克/升(海水鱼类相同)		
穿心莲	用于防治细菌性肠炎病、烂鳃病、赤皮病	全池泼洒:15毫克/升~20毫克/升 拌饵投喂:10克/千克体重~20克/千克体重,连用4天~6天		

续表

渔药名称	用途	用法与用量	休药期/天	注意事项
苦参	用于防治细菌性肠炎病、竖鳞病	全池泼洒:1.0毫克/升~1.5毫克/升 拌饵投喂:1克/千克体重~2克/千克体重,连用4天~6天		
土霉素	用于治疗肠炎病、弧菌病	拌饵投喂:50毫克/千克体重~80毫克/千克体重,连用4天~6天(海水鱼类相同;虾类:50毫克/千克体重~80毫克/千克体重,连用5天~10天)	≥30(鳗鲡) ≥21(鲇鱼)	勿与铝、镁离子及卤素、碳酸氢钠、凝胶合用
噁喹酸	用于治疗细菌性肠炎病、赤鳍病、香鱼、对虾弧菌病,鲈鱼结节病,鲱鱼疖疮病	拌饵投喂:10毫克/千克体重~30毫克/千克体重,连用5天~7天(海水鱼类:1毫克/千克体重~20毫克/千克体重;对虾:6毫克/千克体重~60毫克/千克体重,连用5天)	≥25(鳗鲡) ≥21(鲤鱼、鲇鱼) ≥16(其他鱼类)	用药量视不同的疾病有所增减
磺胺嘧啶(磺胺哒嗪)	用于治疗鲤科鱼类的赤皮病、肠炎病,海水鱼链球菌病	拌饵投喂:100毫克/千克体重,连用5天(海水鱼类相同)		①与甲氧苄氨嘧啶(TMP)同用,可产生增效作用;②第一天药量加倍
磺胺甲噁唑(新诺明、新明磺)	用于治疗鲤科鱼类的肠炎病	拌饵投喂:100毫克/千克体重,连用5天~7天	≥30	①不能与酸性药物同用;②与甲氧苄氨嘧啶(TMP)同用,可产生增效作用;③第一天药量加倍

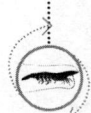

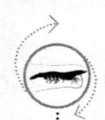

续表

渔药名称	用途	用法与用量	休药期/天	注意事项
磺胺间甲氧嘧啶（制菌磺、磺胺-6-甲氧嘧啶）	用于治疗鲤科鱼类的竖鳞病、赤皮病及弧菌病	拌饵投喂：50毫克/千克体重~100毫克/千克体重，连用4天~6天	≥37（鳗鲡）	①与甲氧苄氨嘧啶（TMP）同用，可产生增效作用；②第一天药量加倍
氟苯尼考	用于治疗鳗鲡爱德华氏病、赤鳍病	拌饵投喂：10毫克/千克体重，连用4天~6天	≥7（鳗鲡）	
聚维酮碘（聚乙烯吡咯烷酮碘、皮维碘、PVP-1、伏碘）（有效碘1%）	用于防治细菌性烂鳃病、弧菌病，鳗鲡红头病，并可用于预防病毒病，如草鱼出血病、传染性胰腺坏死病、传染性造血组织坏死病、病毒性出血败血症	全池泼洒：海、淡水幼鱼、幼虾：0.2毫克/升~0.5毫克/升；海、淡水成鱼、成虾：1毫克/升~2毫克/升；鳗鲡：2毫克/升~4毫克/升 浸浴：草鱼种：30毫克/升，15分钟~20分钟；鱼卵：30毫克/升~50毫克/升（海水鱼卵：25毫克/升~30毫克/升），5分钟~15分钟		①勿与金属物品接触；②勿与季铵盐类消毒剂直接混合使用

注：①用法与用量栏未标明海水鱼类与虾类的均适用于淡水鱼类；②休药期为强制性。

资料来源：中华人民共和国农业行业标准 NY 5071—2002。

附表3-2　禁用渔药

药物名称	化学名称（组成）	别名
地虫硫磷 fonofos	O-乙基-S苯基二硫代磷酸乙酯	大风雷
六六六 BHC（HCH）benzem，bexachloriddge	1,2,3,4,5,6-六氯环己烷	

续表

药物名称	化学名称（组成）	别名
林丹 lindance, gamma-BHC, 8amma-HCH	γ-1,2,3,4,5,6-六氯环己烷	丙体六六六
毒杀芬 camphfchlor（ISO）	八氯莰烯	氯化莰烯
滴滴涕 DDT	2,2-双(对氯苯基)-1,1,1-三氯乙烷	
甘汞 calomel	二氯化汞	
硝酸亚汞 metrcurous nitrate	硝酸亚汞	
醋酸汞 mercuric aceteate	醋酸汞	
呋喃丹 carbouran	2,3-氢-2,2-二甲基-7-苯并呋喃-甲基氨基甲酸酯	克百威、大扶农
杀虫脒 chlordimeform	N-(2-甲基-4-氯苯基)N',N'-二甲基甲脒盐酸盐	
双甲脒 anitraz	1,5-双-(2,4-二甲苯基)-3-甲基1,3,5-三氮戊二烯-1,4	克死螨
氟氯氰菊酯 cyfluthrin	α-氰基-3-苯氧基-4-氟苄基(1R,3R)-3-(2,2-二氯乙烯基)-2,2-二甲基环丙烷羧酸酯	百树菊酯、百树得
氟氰戊菊酯 flucythrinate	(R,S)-α-氰基-3-苯氧苄基-(R,S)-2-(4-二氟甲氧基)-3-甲基丁酸酯	保好江乌、氟氰菊酯
五氯酚钠 PCP-Na	五氯酚钠	
孔雀石绿 malachite green	$C_{23}H_{25}ClN_2$	碱性绿、盐氟块氯、孔雀绿
锥虫胂胺 tryparsamide		
酒石酸锑钾 anitmonyl potassium tartrate	酒石酸锑钾	
磺胺噻唑 sulfathiazolum ST, norsultazo	2-(对氨基苯碘酰胺)-噻唑	消治龙
碘胺脒 furacillinum, niturpirinol	N_1-脒基磺胺	磺胺胍

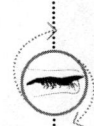

续表

药物名称	化学名称（组成）	别名
呋喃西林 furacillium, niturpirinol	5-硝基呋喃醛缩氯基脲	呋喃新
呋喃唑酮 furanace, nitrofurazone	3-（5-硝基糠叉胺基）-2-噁唑烷酮	痢特灵
呋喃那斯 Furanace, nitrofurazone	6-羟甲基-2-（-5-硝基-2-呋喃烷酮)	p-7138（实验名）
氯霉素（包括其盐、酯及制剂）chloramphennicol	由委内瑞拉链霉素生产或合成法制成	
红霉素 erythromycin	属微生物合成，是红霉素链球菌 Streptomyces erythreus 产生的抗生素	
杆菌肽锌 zinc bacitracin premin	由枯草杆菌 Bacillus subtilis 或 B. leicheniformis 所产生的抗生素，为一含有噻唑环的多肽化合物	枯草菌肽
泰乐菌素 tylosin	S. fradiae 所生产的抗生素	
环丙沙星 ciprofloxacin	为合成的第三代喹诺酮类抗菌药，常用盐酸盐水合物	环丙氟哌酸
阿伏帕星 avoparcin		阿伏霉素
喹乙醇 olaquindox	喹乙醇	喹酰胺醇羟乙喹氧
速达肥 fenbendazole	5-苯硫基-2-苯并咪唑	苯硫哒唑氨甲基甲酯
己烯雌酚（包括雌二醇等其他类似合成等雌性激素）diethylstilbestrol, stilbestrol	人工合成的非甾体雌激素	乙烯雌酚、人造求偶素
甲基睾丸酮（包括丙酸睾丸酮、去氢甲睾丸酮以及同化物等雄性激素）methyltestoserone, metandren	睾丸素 C_{17} 的甲基衍生物	

资料来源：中华人民共和国农业行业标准 NY 5071—2002。

参考文献

陈文,李色东,何建国. 2006. 对虾养殖质量安全管理与实践[M]. 北京:中国农业出版社.

陈锡发. 2002. 日本对虾的养殖技术[J]. 广西水产科技,(1):50-51.

丁理法,周友富,陈海伟. 2000. 日本对虾高滩低坝高网养殖试验[J]. 水产养殖,(1):8-9.

何建国,莫福. 1998. 对虾白斑综合症控制与广东省对虾养殖业持续发展[J]. 中国水产,(11):34-37.

何建国,莫福. 1999. 对虾白斑综合症病毒爆发流行与传播途径、气候和水体理化因子的关系及其控制措施[J]. 中国水产,(7):34-41.

何建国,叶巧真,宋盛宪,等. 2000. 1999 年粤西地区虾病调查报告[J]. 中山大学学报(自然科学版),39(增刊):20-25.

胡珍华. 2009. 日本对虾生态健康养殖技术[J]. 新学术论坛,(5).

纪成林,陈光辉. 1989. 中国对虾养殖新技术[M]. 北京:金盾出版社.

解成林,王永恩. 1997. 对虾养殖与病害防治[M]. 济南:山东科学技术出版社.

李勤生,王业勤. 2000. 水产养殖与微生物[M]. 武汉:武汉出版社,90-107.

李卓佳,贾晓平,杨莺莺,等. 2007. 微生物技术与对虾健康养殖[M]. 北京:海洋出版社,121-149.

林野,杨俊阳. 2003. 日本对虾混养蟹类的防病效应[J]. 科学养鱼,(11):50-51.

刘瑞玉,钟振如,等. 1986. 南海对虾类[M]. 北京:中国农业出版社,114-120.

马云聪,孟繁平,吴连振,等. 1993. 池养日本对虾试验报告[J]. 水产科学,12(6):20-22.

茂野邦彦. 1987. 日本对虾养殖[M]. 北京:中国农业出版社,157-165.

孟庆显,余开康. 1996. 鱼虾蟹贝疾病诊断和防治[M]. 北京:中国农业出版社.

莫佛素,翁雄,卓诠.1992.日本对虾养殖[M].北京:海洋出版社,80-112.

莫佛素,翁雄.1992.斑节对虾白斑病的治疗方法与体会[J].中国水产,(12):30-31.

宋盛宪,谭凡民.2002.常见鱼虾病害防治与饲料营养[M].北京:海洋出版社.

宋盛宪,翁雄.2004.日本对虾健康养殖[M].北京:海洋出版社,210-260.

宋盛宪.2000.对虾配合饲料营养在养殖对虾中的作用[J].中山大学学报(自然科学版),39(增刊):44-49.

孙成波,何建国,吴琴瑟,等.1999.斑节对虾高位池地膜养殖模式初步建立[J].中国水产,(6):30-34.

翁雄,宋盛宪,王剑河.2008.刀额新对虾健康养殖技术[M].北京:化学工业出版社,73-118.

邬国民,吴葆庄.1983.中国经济虾类养殖[M].广州:科学普及出版社广州分社,128-132.

吴琴瑟.1998.虾蟹养殖高产技术[M].北京:中国农业出版社.

杨丛海.2000.对虾健康养殖研究的几个动态[J].科学养鱼,(7):5-6.

余勉余.1990.广东省浅海滩涂增养殖渔业环境及资源[M].北京:科学出版社.

张敏,高成美,张晓霞.2008.日本对虾两茬健康养殖技术[J].齐鲁渔业,25(1):25-26.

海洋出版社水产养殖类图书目录

书名	作者
水产养殖新技术推广指导用书	
黄鳝、泥鳅高效生态养殖新技术	马达文 主编
翘嘴鲌高效生态养殖新技术	马达文 王卫民 主编
斑点叉尾鮰高效生态养殖新技术	马达文 主编
鳗鲡高效生态养殖新技术	王奇欣 主编
淡水珍珠高效生态养殖新技术	李应森 李家乐 主编
鲟鱼高效生态养殖新技术	杨德国 主编
乌鳢高效生态养殖新技术	肖光明 主编
河蟹高效生态养殖新技术	周 刚 主编
青虾高效生态养殖新技术	龚培培 主编
淡水小龙虾高效生态养殖新技术	唐建清 主编
海水蟹高效生态养殖新技术	归从时 主编
南美白对虾高效生态养殖新技术	李卓佳 主编
日本对虾高效生态养殖新技术	翁 雄 宋盛宪 何建国等 编著
扇贝高效生态养殖新技术	杨爱国 王春生 林建国 编著
水产养殖系列丛书	
黄鳝养殖致富新技术与实例	王太新 著
泥鳅养殖致富新技术与实例	王太新 编著
淡水小龙虾(克氏原螯虾)健康养殖实用新技术	梁宗林 孙 骥 陈士海 编著
罗非鱼健康养殖实用新技术	朱华平 卢迈新 黄樟翰 编著
河蟹健康养殖实用新技术	郑忠明 李晓东 陆开宏等 编著
黄颡鱼健康养殖实用新技术	刘寒文 雷传松 编著
香鱼健康养殖实用新技术	李明云 著
优良龟类健康养殖大全	王育锋 主编
淡水优良新品种健康养殖大全	付佩胜 轩子群 刘 芳等 编著
中华鳖健康养殖实用新技术	轩子群 马汝芳 林玉霞等 编著

书名	作者
鲍健康养殖实用新技术	李 霞　王 琦　刘明清　岳 昊 编著
鲑鳟、鲟鱼健康养殖实用新技术	毛洪顺 主编
金鲳鱼（卵形鲳鲹）工厂化育苗与规模化快速养殖技术	古群红　宋盛宪　梁国平 编著
刺参健康增养殖实用新技术	常亚青　于金海　马悦欣 编著
对虾健康养殖实用新技术	宋盛宪　李色东　翁 雄等 编著
半滑舌鳎健康养殖实用新技术	田相利　张美昭　张志勇等 编著
海参健康养殖技术（第2版）	于东祥　孙慧玲　陈四清等 编著
海水工厂化高效养殖体系构建工程技术	曲克明　杜守恩 编著
饲料用虫养殖新技术与高效应用实例	王太新 编著
龟鳖高效养殖技术图解与实例	章 剑 著
石蛙高效养殖新技术与实例	徐鹏飞　叶再圆 编著
泥鳅高效养殖技术图解与实例	王太新 编著
黄鳝高效养殖技术图解与实例	王太新 著
淡水小龙虾高效养殖技术图解与实例	陈昌福　陈萱 编著
图说鳗鲡疾病防治	林天龙　龚 晖 主编
图说斑点叉尾鮰疾病防治	汪开毓　肖 丹 主编
龟鳖病害防治黄金手册	章 剑　王保良 著
海水养殖鱼类疾病与防治手册	战文斌　绳秀珍 编著
淡水养殖鱼类疾病与防治手册	陈昌福　陈 萱 编著
对虾健康养殖问答（第2版）	徐实怀　宋盛宪 编著
河蟹高效生态养殖问答与图解	李应森　王 武 编著
王太新黄鳝养殖100问	王太新 著